（粮油）仓储管理员职业技能培训参考用书

粮食仓库仓储
技术与管理

王若兰　主　编

左进良　黄亚伟　副主编

中国轻工业出版社

图书在版编目（CIP）数据

粮食仓库仓储技术与管理／王若兰主编. —北京：中国轻工业出版社，2025.1

（粮油）仓储管理员职业技能培训参考用书

ISBN 978-7-5184-3340-7

Ⅰ.①粮…　Ⅱ.①王…　Ⅲ.①粮仓-仓库管理-技术培训-教材　Ⅳ.①S379.3

中国版本图书馆 CIP 数据核字（2020）第 259001 号

责任编辑：马　妍

策划编辑：马　妍　　责任终审：白　洁　　封面设计：锋尚设计
版式设计：砚祥志远　　责任校对：吴大朋　　责任监印：张　可

出版发行：中国轻工业出版社（北京鲁谷东街 5 号，邮编：100040）

印　　刷：三河市万龙印装有限公司

经　　销：各地新华书店

版　　次：2025 年 1 月第 1 版第 3 次印刷

开　　本：787×1092　1/16　印张：12.75

字　　数：280 千字

书　　号：ISBN 978-7-5184-3340-7　定价：52.00 元

邮购电话：010-85119873

发行电话：010-85119832　010-85119912

网　　址：http://www.chlip.com.cn

Email：club@ chlip.com.cn

本书编写人员

主　　编　王若兰（河南工业大学）

副　主　编　左进良（江西省粮食和物资储备局）

黄亚伟（河南工业大学）

参编人员　（按姓氏笔画为序）

祝　溪（河南工业大学）

郭亚鹏（河南工业大学）

前言 | Preface

当前，随着社会经济的快速发展，科学技术的全面进步，粮食储藏事业成为适应新形势、完成新任务的刚性需求。近年来，在各级领导的重视和支持下，广大粮食仓储工作者进行了积极探索和大胆实践，基本实现了粮食仓库仓储管理由简单粗放向规范化、制度化转变，正向智能化、智慧粮库方向发展；粮食储藏由单纯保量向保质、保鲜转变；粮食储藏技术由常规储藏向温控储藏、气控储藏、药控储藏、"三低"储藏及绿色生态储藏等新技术储粮方式转变；操作模式由人工体系向机械化、自动化体系方向转变。但是，必须清醒地看到，一方面，随着粮食流通市场化和产业化程度不断提高，企业运营机制发生很大变化，新企业、新设施、新设备、新技术等新情况不断出现，给粮食仓储管理带来新的挑战。另一方面，随着粮食流通体制改革的不断深化，新的干部人事制度和劳动用工制度的实行，相关专业院校为了生存，相继改行或缩减仓储专业招生人数，来自专业院校的专业人员越来越少，一大批老一辈来自专业院校、有经验、懂管理的仓储工作者相继退休。粮油仓储管理队伍结构发生了较大变化，成分更加复杂，岗位培训缺失，粮食仓库仓储管理水平和一线作业人员素质参差不齐。在一些粮食仓库，制度执行不到位、责任落实不到位的情况时有发生。工作走过场表面化，重经营轻管理的情况仍在一定范围内存在，难以适应现代粮食仓储管理和先进技术的发展需要。因此，进一步提高粮油仓储工作者的仓储管理和业务水平成了当务之急。

基于上述情况，编者在从事几十年教学、粮食仓储行业管理、粮食仓库管理及仓储技术工作的基础上，收集中华人民共和国成立后，尤其是近三十多年来粮食仓库仓储管理方面的资料，整理编写了《粮食仓库仓储技术与管理》一书，旨在为广大粮油仓储管理工作者、技术人员以及关心粮油仓储管理的有关人士，提供一本使用便捷的参考书。

在本书编写过程中，许多粮食行业管理者、专家和仓储从业人员，对于本书的出版，给予了极大的关注，国家粮食和物资储备局安全仓储与科技司仓储处、河南工业大学、江西省粮食和物资储备局对本书的编写提供了支持，在此一并致以诚挚的谢意！

王亚洲、熊鹤鸣、林长平、程兰萍、李宗良、吴红岩、李书宏等粮食仓储专业技术及管理专家参与了本书的策划、框架设置、编写大纲确定及初稿的全部审阅，对本书的编纂和出版提出了宝贵的建设性意见和建议，特别鸣谢各位专家的指导和帮助！

由于编写时间仓促，编者水平所限，书中难免存在不足之处和遗憾，恳请读者不吝指教。

编　者
2021 年 4 月

目录 | Contents

粮食仓库应具备的基本条件和法定义务

粮食仓库承担着粮食收购、清理、储存、运输、保障市场供应等任务，是粮食流通的重要环节，也是粮食流通产业发展的基础。随着社会的进步，农业生产的不断发展，粮食仓库仓储管理也在不断创新，尤其是中央储备粮垂直管理体系、地方储备粮体系建立以来，形成了一套比较完整的管理体系，确保了国家粮食安全。但在个别粮食仓库，依然还存在一些问题：①库存粮食管理不规范，存在不同性质粮食混存、粮食局部发热霉变等情况；②设备管理不规范，存在操作不规范、缺乏必要的保养维护、超标准装粮线装粮等情况；③管理制度不健全，存在没有仓储管理制度、管理制度不适应市场经济的发展需要、缺乏制度执行力等情况；④日常管理不规范，安全事故时有发生。因此，加强对粮食仓库的管理，梳理和总结这些年来先进的管理经验和技术措施，加以推广，防止粮食仓库管理中的失误，对于保障国家粮食安全，确保粮食储存安全，具有十分重要的意义。

粮食仓库仓储管理是一项综合性的管理工作。它涉及的范围广，包括粮仓管理、粮食出入库管理、库存粮食的日常管理、粮食质量管理、仓储机械设备管理、粮食包装物和仓储器材管理、熏蒸药剂管理、消防安全管理、自然灾害的防范等；要求高，不仅要认真抓好行政管理的各项基础工作，还要求懂得各种粮食的特性、储藏期间的变化规律和储藏技术，把技术要领、技术规范和管理措施密切结合起来，才能充分发挥综合治理的作用，确保储粮安全，以达到管好粮食仓库的目的。

一、粮食仓库应具备的基本条件

粮食仓库应具备的基本条件，是实现库存粮食"数量真实、质量良好、储存安全"的基本保障。它主要包括三个方面的内容。

（一）拥有固定的经营场地

经营场地除符合《粮食仓库建设标准》及《粮油储藏技术规范》的基本要求外，还应远离污染源、危险源、防止周边环境影响库存粮食安全。粮食仓库的固定经营场地至污染源、危险源的距离应当满足以下要求：距矿山、炼焦、炼油、煤气、化工（包括有毒化合物的生产）、塑料、橡胶制品及加工、人造纤维、油漆、农药、化肥等排放有毒物质的生产单位，不小于 1000m；距屠宰场、集中垃圾堆场、污水处理站等单位，不小于 500m；距砖瓦厂、混凝土及石膏制品厂等粉尘污染源，不小于 100m。经营场地一般应当属于粮食仓库自有或者租赁不少于 10 年的期限。

（二）拥有适宜的设施设备

粮食仓库从事的仓储活动主要包括粮食、植物油料和油脂的收购、整理（清杂、降水、分级）、储藏（长期、临时）、装卸、运输等。粮食仓库在不同地区开展不同的业务，应装备能够保障粮食"数量真实、质量良好、储存安全"的粮油仓储设施。比如：在南方高湿高温地区，应装备通风、熏蒸等设备；在东北及内蒙古地区，大型粮食仓库应配备粮食烘干机等；在从事储备粮经营管理业务的单位应当配备粮情测控系统等。这里所说的适宜，是指设施、设备的性能、类型、数量要满足从事粮油仓储活动的需要，并符合法律、法规、规章以及《粮油储藏技术规范》的规定。

（三）拥有相应的专业技术人员

专业技术人员是指粮油保管员和粮油质量检验员。所谓相应的，是指专业技术人员的职业资格、技术等级、数量满足从事粮油仓储活动的基本要求，符合法律、法规、规章对配备仓储人员数量的规定。

二、粮食仓库的法定义务

国家发展和改革委员会第 5 号令《粮油仓储管理办法》等法规，规定了粮食仓库的法定义务。

（一）粮食仓库必须遵守国家法律、法规和相关规定

这里包括三个层次：一是国家法律；二是法规，包括行政法规和地方法规；三是相关规定，主要是指规章，包括部门规章和地方政府规章。

（二）粮食仓库必须执行国家和地方粮食流通政策和粮食应急预案

我国粮食供求将长期处于紧平衡状态，保障国家粮食安全必须有适宜的粮食流通政策作为支撑。粮食流通政策是指国务院和各部委以及地方人民政府为了保障国家粮食安全，维护正常粮食流通秩序所采取的政策措施，如最低收购价政策、临时收储政策、退耕还林政策、主销区粮食企业到主产区采购粮食运输补贴政策等。

粮食应急预案是突发公共事件总体应急预案的重要组成部分，是确保非常时期粮食供应的重要保障。粮食应急预案包括《国家粮食应急预案》和地方各级政府制定的《粮食应急预案》。发生突发粮食事件时，粮食仓库应按照粮食应急预案的规定，切实做好粮食储存、运输、加工、供应等相关工作，维护正常粮食流通秩序。

（三）粮食仓库必须执行国家和地方制定的仓储管理制度和标准

仓储管理制度是贯彻粮食流通法律、法规、规章和确保粮油仓储安全的重要保障。仓储管理制度主要是指国家粮食行政管理部门和地方各级粮食行政管理部门制定的有关仓储管理的规范性文件。

标准主要是指确保粮油仓储安全的国家标准、行业标准和地方标准，就标准而言，可分为强制性标准和推荐性标准。

（四）粮食仓库必须接受各级监查

粮食仓库必须接受各级粮食行政管理部门的业务指导，配合粮食行政管理部门依法开展监

督检查。

（五）向所在地粮食行政管理部门备案

粮食仓库应当自设立或者开始从事粮油仓储活动之日起 30 个工作日内，向所在地粮食行政管理部门备案。

仓容规模 500t 以上或者罐容规模 100t 以上，专门从事粮油仓储活动，或者在粮食收购、销售、运输、加工、进出口等经营活动过程中从事粮油仓储活动的法人和其他组织，不论是国有的、民营的，还是外资的，只要在我国境内从事粮油仓储活动，都是备案管理的范围。

当前，我国粮食仓库主要包括以下三种类型。

一是各类所有制性质的粮食仓库。主要承担着粮食收购、储存、整理、运输及供应等任务。随着粮食流通体制改革的不断深入，粮食仓库的管理体制和所有制性质已经发生变化，特别是非国有所有制性质的粮食仓库数量越来越多。

二是粮食加工、进出口、物流等存在粮油仓储环节的涉粮企业。近年来，粮食企业混业经营的趋势比较明显，传统的粮食仓库开始进入粮食加工产业，粮食加工也开始开展政策性粮食代储、粮食收购等业务。这种变化符合现代粮食产业发展趋势，符合国家的粮食产业政策，也有利于国家粮食安全，但是必须将这些企业纳入粮油仓储监管范围，加强对其仓储业务的指导。

三是其他一些从事粮油仓储工作的单位，包括从事粮油仓储业务的国家物资储备库等事业单位。

（六）保护粮食仓储设施

国家发展和改革委员会第 40 号令《国有粮油仓储物流设施保护办法》指出，粮食仓库有保护仓储设施的义务，规定：

（1）粮食仓库应当建立健全粮油仓储物流设施管理和使用制度，定期检查评估、维护保养，做好记录、建立档案。

（2）粮油仓储物流设施规模、用途发生变化的，应当及时向所在地粮食行政管理部门备案。

（3）粮食仓库出租、出借粮油仓储物流设施，应当与承租方签订合同，明确双方权利、义务，并自签订之日起 30 个工作日内向粮油仓储物流设施所在地粮食行政管理部门备案。

出租、出借不得破坏粮油仓储物流设施的功能，不得危及粮食仓库的粮油储存安全。

（4）粮油仓储物流设施因不可抗力遭受破坏时，粮食仓库应当根据需要对其进行修复或重建，或报上级协调支持。

（5）粮油仓储物流设施超过设计使用年限且不具有维修改造价值的，粮食仓库应当按照有关规定予以报废处置。

（6）在粮油储存区内及临近区域，不得开展可能危及粮油仓储物流设施安全和粮油储存安全的活动，不得在安全距离内设置新的污染源、危险源。

三、粮食仓库的工作要求

国家发展和改革委员会第 5 号令《粮油仓储管理办法》提出了粮食仓库的工作要求，即粮食仓库应当建立健全粮油仓储管理制度，积极应用先进适用的粮油仓储技术，延缓粮油品质劣变，降低粮油损失损耗，防止粮油污染，确保库存粮油数量真实、质量良好、储存安全。

四、粮食仓库的命名要求

国家发展和改革委员会第 5 号令《粮油仓储管理办法》规定，未经国家粮食行政管理部门批准，粮食仓库单位名称中不得使用"国家储备粮"和"中央储备粮"字样。

粮食仓房管理

　　粮仓是指用来储藏粮食及其加工产品的专用设施，它的好坏与粮食能否安全储藏关系十分密切。质量好的仓房能够延长安全保管期限，减少虫霉鼠雀损害，并有利于保持粮食的品质与新鲜度。质量差的仓房不仅难以达到上述要求，而且容易使储粮遭受虫霉鼠雀严重危害，造成很大的损失。同时还增加通风、熏蒸的成本。因此，要确保粮食安全储藏，建造质量良好，符合确保粮食安全要求的仓房是非常必要的。

第一节　粮食储藏对仓房的要求

　　要实现粮食的安全储藏，粮仓的建设必须符合下列基本要求：

一、功能定位

　　应根据储备、中转、收纳等不同的用途，满足不同功能的需要。
　　粮仓必须由具备相应资质单位设计，根据粮食储备、中转、收纳等不同的功能，设计相应的仓储工艺，配置相应的设施设备。

二、粮仓选址

　　粮食仓房选址和建设应符合国家粮食仓房建设的相关规定。粮仓应远离污染源、危险源，避开行洪和低洼地区。选择在地基高燥、土质坚硬均匀、四周排水畅通、通风良好、交通便利、便于进出仓作业的地方。其平房仓的结构应符合 GB 50320—2014《粮食平房仓设计规范》的规定；钢筋混凝土筒仓的结构应符合 GB 50077—2017《钢筋混凝土筒仓设计标准》的规定；钢板筒仓的结构应符合 GB 50322—2011《粮食钢板筒仓设计规范》的规定。

三、粮仓结构

　　仓房必须坚固耐用，除承受风载、雪载、地震等载荷外，还要承受相当大的粮食侧压力，尤其要考虑不同粮种、不同堆放方式、不同装粮高度的粮食侧压力对仓壁的影响，以防墙体开裂；还要考虑不同粮种、不同装粮高度对地坪的垂直压力，预防地坪下陷。

仓房的门窗、孔洞设置要考虑粮食进出仓工艺和日常管理的方便性，仓门高度、宽度都应考虑储粮机械的进出等，仓房窗户的大小、数量与开启方式要考虑是否符合通风、补仓需要。仓外地坪硬化要能够承受风机与进出粮机械行走。

满足储粮性能的要求，仓顶不漏雨，地面不返潮，仓壁无裂缝，门窗能密闭。达到防潮、防水、气密、隔热、通风，防止有害生物危害，保障储粮安全的目的。具体要求如下：

（1）仓内地面应完好、平整、坚固并设防潮层。

（2）仓房内侧墙面应完好、平整并设防潮措施；墙体无裂缝；墙壁与仓顶、相邻墙壁、地面结合处应严密无缝；墙面应按设计最大仓容量标明装粮线及高度标尺，并在装粮线处设置密封槽。外墙涂浅色。山墙上端要安装百叶窗或排风扇。

（3）仓盖应完好，仓盖外表面应为浅色或用高反射率的材料。并有隔热层和防水层；仓盖应有大于3%的坡度，宜采用自由排水方式；如采用集中排水方式，仓盖檐槽的下水管应设置在仓墙外面。

仓盖传热系数达不到以上要求时，仓内顶部应喷涂聚氨酯等隔热材料或加设隔热吊顶，吊顶与仓盖的间距应在0.3m以上。

（4）门窗、通风口要严密并有隔热、密封措施。门窗、孔洞应设防虫线和防鼠板网。门窗结构要严紧，关闭能密封，开启可通风。低温仓、准低温仓要少设门窗，并要敷设隔热保温材料，所有仓房门窗及通风洞必须安装防鼠、防雀装置。

（5）新建粮仓应满足气密性要求，即仓压由500Pa降至250Pa的半衰期：平房仓≥40s，筒仓≥60s。

（6）粮仓内应安装防尘、防爆照明灯具。具体要求如下：平房仓照明灯具应符合GB 50320—2014《粮食平房仓设计规范》的规定；钢板筒仓照明灯具应符合GB 50322—2011《粮食钢板筒仓设计规范》的规定；浅圆仓和其他筒仓照明灯具可参照LS 8001—2007《粮食立筒仓设计规范》的规定。

其他粮仓照明灯具可参照GB 50320—2014《粮食平房仓设计规范》的规定。

（7）粮仓结构上应符合国家建筑、消防、使用等有关规范要求。粮仓需进行维修改造时，应按LS 8004—2009《粮食仓房维修改造技术规程》的规定执行。

（8）粮仓第一次装粮应按设计要求进行压仓实验。

（9）粮仓应制作和安装粮仓设计说明标牌，标明粮仓的设计单位、年份、储粮品种、储存形式、装粮高度、仓容、使用年限等。

四、仓房配套设备

仅有结构性能良好的仓房还不够，还需要配备完善的储粮设施，提高粮仓检验与处理突发事件的能力，以确保储粮安全。主要的储粮设备有：粮情测控系统、通风降温系统、环流熏蒸系统、谷物冷却系统、气调系统等。此外，还应考虑粮食进出仓机械化等。

第二节　粮仓的分类

随着农业生产和粮食储藏技术的发展，粮仓的类型不断变化，出现了多种类型。

一、按照粮仓的外形分类

（一）房式仓

这种仓的外形与中国传统的民房相似，只是窗户的位置稍高些，包括平房仓、高大平房仓、楼房仓。

（1）平房仓　平房仓即其形状如平房的粮仓。

（2）高大平房仓　高大平房仓即跨度 21m 以上，且设计粮堆高度 ≥6m 的平房仓。

（3）楼房仓　楼房仓即多层的房式仓。

房式仓是我国使用时间最长、应用最普遍的一种仓型。房式仓的仓容有大有小，小的仅几吨，大的有数万吨。房式仓多为砖石承重墙，木或钢结构屋架，水泥地坪，门多数成对开、双扇门，有木结构的和金属结构的。高大平房仓屋顶多采用混凝土预制板或双层彩板。房式仓可散装存粮，也可包装存粮。

（二）筒式仓

外形如筒状的粮仓，包括浅圆仓、立筒仓。

（1）浅圆仓　浅圆仓仓内直径一般在 20m 以上，仓壁高度与内径之比 <1.5 的筒式仓。

（2）立筒仓　立筒仓即除浅圆仓之外的筒式仓。

筒式仓的结构有砖石、钢板、钢筋混凝土等。直径常为 6~20m，高由几米到几十米不等，可单筒使用，也可组合成群。这种仓与工作塔配合使用，可实现高度的机械化和自动化。

（三）地下仓

地下仓是仓体的大部或全部建于地下的粮仓，有岩体地下粮仓（如平洞仓、立洞仓）、土体地下粮仓（如窑洞仓、喇叭仓）等。

地下仓的隔热性能好，仓温稳定。

（四）简易仓囤

能够采取技术措施，保证储粮安全的简易储粮设施，主要包括简易仓、罩棚、简易囤等。

简易仓囤建造比较简陋、结构简单，不能完全满足长期安全储粮要求的粮仓。简易仓为梁柱采用钢制结构，顶部由彩钢板、防火材料构成，四壁简单围挡全封闭用于短期储存粮食的简易储粮设施；罩棚为梁柱采用钢制结构，顶部由彩钢板、防火材料构成，四壁不封闭或未完全封闭用于短期储存粮食的简易储粮设施。简易囤为钢结构短期储存粮囤。

在 20 世纪 90 年代我国也使用了一段时间的土堤仓，这是一种四周用土筑堤，底部及四周用防水篷布等材料铺垫，入粮后覆盖篷布等防水材料的简易储粮设施。

二、按照粮仓的控温性能分类

（一）低温仓

隔热条件好，配置有机械制冷设备，可使仓温常年保持在15℃以下，相对湿度控制在70%～80%，可使粮食安全度夏，实现粮食保鲜。

（二）准低温仓

隔热性能好，有机械通风设备、空调或谷物制冷设备，可使仓温常年保持在20℃以下。一些地下粮仓也能达到准低温水平。

（三）常温仓

仓内温度不能人为控制，仓温随外温变化而变化的粮仓。

第三节　主要仓型的储粮性能

各类粮仓都必须具备防潮隔热性、通风密闭性、防虫防霉性、防火抗震性等基本性能，以及方便机械化、自动化、智能化作业的特点。

一、平房仓

平房仓是我国最早建设、总容量最大的一种仓型，分散装仓和包装仓两大类，其中以散装仓占绝大多数。跨度在10～18m，原来仓内有柱子，后来对部分仓进行了改造，大部分为单跨"人"字屋架，屋面均为坡面，盖青瓦或红瓦，瓦下铺防水层，有的仓内吊平顶或钉木板斜顶。早期建设的平房仓，檐口高度一般为3.5～4.5m，散装堆粮高度为2.5～3m，堆粮高度以下部分为一砖半墙（有的为二砖墙），以上部分多为一砖墙（也有一砖半的）；若是包装仓，墙均为一砖墙。墙上设有通风窗、防雀网、换气扇。仓内地坪有防潮层，并设有通风道，山墙上有通风口、环流熏蒸孔，也有设在檐墙上的。仓房长度、跨度不一，单仓容量为500～1000t。后期建设的平房仓，堆粮线一般为3.5～4m，檐口高度为5～6m，单仓储存量为1000～2500t（按早籼稻计算）。

平房仓的储粮性能是：能基本做到上不漏、下不潮；小仓房适合多品种粮食分仓储存，适合作为周转仓、零星收购仓；后期建造的大平房仓适合使用机械操作。房式仓中的平房仓和楼房仓的密闭性能和隔热性能均差，有些木结构仓的防火性能也较差。

二、高大平房仓

这种仓型与平房仓相似，顾名思义，即比平房仓高大，其跨度在21m以上，且设计粮堆高度≥6m。中央储备粮仓建造的主要是跨度为21m，长度为63m，堆粮线高度为6m，仓容在4500t左右的拱板形高大平房仓。高大平房仓最大的跨度有72m，最高堆粮高度达8m，单仓容量达1万t以上。

高大平房仓设有通风道、通风窗、防雀网、换气扇、环流熏蒸孔。仓内地坪作过防潮处理，设有地下通风道。计算机测温布线到仓。后期建造的都设有密闭门窗。高大平房仓屋面铺有防水材料。

高大平房仓的储粮性能有：

①能做到上不漏、下不潮；

②适合使用仓储机械；

③新建的高大平房仓具有良好的密闭性能（500Pa半衰期≥40s）、防虫、防鼠雀和防火性能；设置有粮情测温系统、环流熏蒸、机械通风、谷物冷却系统，有利于粮食安全储藏；

④既可散装，也可包装，对实施粮情测温、环流熏蒸、机械通风、谷物冷却、常规熏蒸比较有利；

⑤屋面隔热性能有待提高。针对屋面隔热性较差情况，可主动策应"仓顶阳光工程"，利用集中连片的仓房屋顶发展光伏产业，安装太阳能光伏发电系统，既可改善屋顶的隔热防漏性能、降低仓温、促进粮堆保持低温状态，又可延长屋顶使用寿命，降低企业维修成本，同时发电也给企业带来可观的经济效益。

三、楼房仓

楼房仓一般为钢筋混凝土框架砖墙结构。通常，首层高7m左右，第二、三层高各5m左右。

广州市东圃粮仓苏泽伟曾进行楼房仓与房式仓的比较试验，试验证明，楼房仓各楼层温度，首层>顶层>中层；楼房仓各楼层相对湿度，顶层>中层>首层；楼房仓的仓温比房式仓低3.5~6.8℃；楼房仓的粮温比房式仓低1~3.9℃。

楼房仓虽然一次性投资大，但能节省土地使用面积，提高土地使用率。楼房仓钢筋混凝土框架结构，其使用寿命在50年以上。而砖木结构的房式仓只有30年。以基础费和建造费计算，楼房仓可节省1/5~2/5的费用。

四、浅圆仓

浅圆仓又称矮圆仓，是一种仓壁高度与内径之比<1.5的圆筒仓，仓壁主体多为钢筋混凝土结构，厚度为0.25~0.27m。它是我国近年大力发展的一种新仓型，配套设置了粮温测控、机械通风、环流熏蒸与谷物冷却系统，其特点是：直径大（20~40m）、粮层深（12~15m）、单仓容量大（5000~10000t）、单位仓容占地面积小、机械化程度高、经济合理等特点。

浅圆仓的储粮性能有：

①具有良好的密闭性能（500Pa半衰期≥60s）、防虫、防鼠雀和防火性能；

②设置有粮情测温系统、环流熏蒸、机械通风、谷物冷却系统，有利于粮食安全储藏；

③机械化程度高，可配置检斤、清理、除尘、控制等设备，能提高粮食进出仓的效率；

④粮食进仓时容易出现严重的自动分级现象，由于粮层较厚，不易发现粮堆中的异常情况，储藏期间容易出现明显的"冷心热皮"等不良现象；

⑤没有除尘设施，粉尘难以散发。

五、钢筋混凝土筒仓

钢筋混凝土筒仓采用钢筋、水泥和砂石滑模施工，仓壁采用现浇钢筋混凝土结构，仓顶采用现浇钢筋混凝土正截锥壳结构，其在防腐、防风、防雨、抗震等方面具有非常好的效果。其隔热、气密和防潮性能较好，受外界温差变化影响小，粮食结露和挂仓现象较少。配备通风系统、粮情自动监测系统和环流熏蒸系统，适合粮食的长期储备，并且粮食损耗少，保管费用低。此外，钢筋混凝土筒仓有星仓，且刚性和稳定性好，可以在筒仓侧壁开孔，直接利用汽车发放，减少边排筒仓储粮的输送，节省动力的同时，在倒仓、中转储存方面更加灵活方便。

钢筋混凝土筒仓占地面积小，土地利用率高；使用年限长，维护费用小；立筒仓使用年限一般在 50 年以上，基本上不需要维护。

缺点是建设投资大，施工周期长，自重大，对基础要求较高。粮食进出仓破碎率较多。

六、钢板筒仓

钢板筒仓由镀锌薄钢板或波形钢板制成，可分为焊接式、装配式、螺旋卷边式三种。

镀锌薄钢板仓具有自重轻，对基础要求低、工程造价相对较低，施工工期短；标准化、自动化、机械化程度高，使用方便，效率高等优点。

缺点是仓壁薄，受外界温差变化影响大，易引起结露，尤其加强筋螺柱焊接钢板仓，粮仓出粮过程中，有时存在挂壁现象，清理困难。粮层深，扦样检查困难。进出粮破碎率高。此外，密封性能也差，装粮后无法进行熏蒸杀虫。装配仓的仓壁板与板的螺栓连接部位，仓壁与仓顶、仓底的连接部位，仓顶盖板的连接处等，由于密封材料老化及风力作用，雨、雪都可能渗透到仓内粮食中去。目前虽然有保温、隔热的材料和技术，但由于技术条件尚不够完善、材料成本高，没有得到推广和应用。仓顶、仓壁连接处螺丝易松动，需要经常检查维修。

钢板筒仓只适合粮食中转使用，不适宜作为粮食长期储备用。

第四节　仓房使用与养护

一、仓容量的计算

仓容指每幢仓房可容粮食数量，以吨为计算单位，它是按统一规定的储粮品种（稻谷、小麦）容重计算得到的理论仓容。

国家在进行粮食仓容登统时，规定以小麦容重（750kg/m³）计算仓房的仓容量。

（一）测定粮堆面积

散装仓以整个仓房内面积作为可堆粮面积。包装仓要留出走道、墙距和间隔，走道视搬运工具与机械操作的需要而定，走道可留 2.5 ~ 3m；粮堆与墙壁间距、粮堆与粮堆间距一般为 0.6m。

（二）测定粮堆高度

一般新建仓房，大都按设计规定在仓内四壁画有堆高线或统一安装塑料槽管，这些仓房可按原设计堆粮高度计算。

（三）计算粮堆容积

正方体或长方体容积＝底面积×高＝长×宽×高

圆柱体容积＝底面积×高＝$\pi \times r^2$（r＝底面半径）×h（高）

长方截锥体容积是 =（上底面积+下底面积）×高/2

圆锥体容积是 = 底面积×高/3

（四）仓容量计算

散装储粮仓房容量 = 粮堆容积×粮食容重

包装储粮仓房容量 = 粮堆面积×每层标准粮包平均容重×粮包层数

表2-1所示为几种粮食的容重，供计算仓容量时参考。

表2-1　　　　　　　　　　　　　　几种粮食的容重

粮　种	容重 /（kg/m³）	每包质量 /kg	包装粮平均每层容量 /（kg/m²）
稻　谷	575	70	143
小　麦	750	90	172
玉　米	675～807	90	172
大　豆	658～762	90	172
大　米	800～821	100	191
面　粉	594～605	25	103

二、仓房的使用

（1）根据仓房的设计仓容安排入库计划。每幢仓房按包装、散装都有一个设计仓容，不能盲目堆载。对新建的仓房需要堆载预压的，要按堆载预压要求堆载。散装粮堆高不超过堆粮线，包装粮要堆稳，防止倒堆，同时便于清点。

（2）仓房使用前应进行检查，尤其是新建仓房，要对仓房的气密性、仓顶隔热层、配套的机械、通风设备等进行全面的检查，看是否符合要求。检查仓房设施是否正常（包括地坪、通风道、墙面、屋面是否有开裂、下陷、渗漏等）。

（3）粮食入仓操作要严格。要做好地坪、仓墙的防潮，创造条件，减少粮食的自动分级现象。要科学、合理堆放粮食，提高仓房的利用率。

（4）仓房在使用过程中要密切注意设施、设备及仓房本身的性能，如仓墙是否裂开，地坪是否下陷等。

三、仓房的日常管理与维护

仓房的日常管理是一项具体的、经常性的工作，主要是把仓房管好、用好，保持仓房数量、质量良好，使用安全，充分发挥使用效能，延长使用寿命。具体工作内容如下。

（1）国家粮食仓房、货场，一般只用于储存国家粮食。

（2）建立粮食仓房档案，主要有库点卡片和仓房卡片。

（3）随时掌握仓容动态，按时、按要求进行登记上报。

（4）仓房地坪应保持干燥平整、无裂缝、不返潮，水泥地防止与油、酸、碱接触；沥青地防止与汽油、煤油接触，以延长使用寿命。

（5）入仓前对空仓进行安全检查，要求地面完整；墙面整洁；仓顶有必要的防水、防潮、隔热措施；门窗开启灵活、关闭严密；虫鼠雀防护功能是否完好；仓内电路电气是否完好。如果使用气调储藏技术，要求气密性达标。

（6）钢板筒仓及其他仓型的仓房钢构件要定期做防锈处理。

（7）入粮时应注意输粮设备对仓房的撞损。

（8）合理堆放粮食，不超高，防止粮食侧压力对仓房结构的影响；包装要装稳，防倒塌。

（9）仓内要面面光，检查屋内各部位情况；仓外三不留：不留垃圾、不留污水、不留杂草；严禁堆放易燃、易爆、有毒、有害物品。

（10）仓房要进行定期和不定期的检查，及时维修。

（11）仓房因使用超过规定年限无维修使用价值或因遭风、冰雹、水灾害需要报废时，要报告省级粮食行政主管部门，按规定审批手续报废处理。

（12）因经济建设需要，仓房拆迁、转卖，或改作其他用途，须报省级粮食行政主管部门批准。

粮食出入库管理

粮食出入库管理包括粮食入库和粮食出库管理。重点论述粮食入库前、入库操作和入库结尾的管理工作。在这些环节中，根据不同情况，采用相应的管理措施。

第一节　粮食入库

粮食入库包括收购入库、调拨入库、收集并转移入库，轮换入库和国内外贸易购进入库。

一、入库前的准备

做好粮食入库前的准备工作，是保证粮食迅速、准确、经济、安全地接收入库的重要条件。

（一）认真编制粮食入库计划

根据当年粮食生产情况，组织人员深入农村，广泛宣传国家粮食收购政策、价格政策，动员群众把粮食晒干扬净，提高入库粮食原始品质。并根据粮食市场购销情况、上级下达的政策性粮食轮换计划等，结合本单位仓容情况，制定合理的收购计划。根据收购计划和空仓容量、粮食品种与质量、用途、拟存放时间以及入库季节等具体情况，合理制定入库方案。

入库方案包括待入仓粮食信息，到货入仓具体现场作业计划，计划中列明待入仓的库、设施设备、执行人员、时间等。

（二）做好仓房、器材的准备

粮食入库前，要按照仓房应具备的基本性能要求，对需要进行检修的，要进行彻底维修。检修时，首先要检查仓房是否牢固，仓顶、墙壁以及仓底有无裂缝漏水之处，地面有无沉降，门窗启闭是否失灵，仓内各种设备是否符合防潮、隔热、通风密闭、防虫、防鼠雀、防火的要求。对需要进行内外重新刷白的，要进行刷白，同时要做好空仓消毒等工作，并配置防鼠板（高 0.6~0.9m）。对入库时需要的验质、检斤、清扫、输送、清杂等器材、机械、用具等，要做好检修、校验、清洁、消毒等工作。

1. 空仓消毒

空仓消毒采用国家允许的杀虫剂进行杀虫处理，空仓杀虫药剂及用量见表 3-1。

表 3-1　　　　　　　　　　　空仓杀虫药剂及用量　　　　　　　　　单位：g/m³

种类	食品级惰性粉	磷化铝	敌敌畏	溴氰菊酯
用量	3~5	3~6	0.1~0.2	0.1~2

注：敌敌畏仅用于空仓和环境杀虫，严禁用在储粮中；溴氰菊酯应以烟雾剂形式用于空仓杀虫。

2. 布设风道和粮情测控系统

粮食入仓前应按照规定的形式摆放通风道，并检查地上笼或地槽是否完好，连接是否紧密。地上笼或地槽之间连接或与地坪间隙较大者，应在风道上铺设一层纱网或麻袋、草帘等，预防粮堆在通风期间粮食被掉入（或吸入）风道内影响通风效果。

粮食入仓前还应要仔细检查粮情测控系统，预备好测温电缆。

3. 优化组合输送清理等设备

根据粮仓日入库量、来粮杂质含量大小及入仓场地和装卸力量配置等情况，选择单向一机、单向两机和双向一机、双向两机清杂等就仓清理入仓作业工艺。

4. 调试输送设备

检查维修并安装调试好生产作业线上的设备，应使其处于正常状态。

5. 校验计量设备

收购开始前，应邀请市场监督管理部门对即将投入使用的地磅、台秤等计量设备进行校验，取得相关许可或凭证。

6. 调试品质检验仪器

组织专业技术人员对即将投入使用的水分、杂质、出糙和食品安全等检验、检测设备进行调试，以期达到即时能用的程度。

7. 为民优质服务

为售粮农民预备茶水、防暑药品和遮阳棚等，做好优质服务工作。

8. 安全生产警示

张贴安全生产警示标语，划定售粮农民禁烟区域，有效制止在库区内流动吸烟行为。

（三）合理安排人员

粮食收购入库期间，收购人员和结算人员合理分工，坚守岗位，各司其职，实行挂牌上岗。并对参加收购人员要进行短期培训，详细讲解粮食收购政策、价格、质量标准、工作制度和工作职责。通过培训，要求职工掌握相关知识、技能，明确工作目标、要求、岗位责任，熟悉入库操作步骤。

要合理调配好人员，合理分工。对验质、计量人员要按照有关政策和业务要求进行适当的培训。要合理配备好收购员、计量员、化验员、调运员。调运员要与发运方和承运方密切配合，掌握发运情况，事前还需要安排好装卸力量，以保证随到随收。

二、粮食入库

（一）入库流程

粮食收购入库按质量检验、司磅计量、入仓验收、开具入库凭单和资金结算五个环节进行。

1. 做好入库现场管理和接待工作

收购入库时，要维持现场秩序，公开质价标准和服务内容，严格按照国家有关规定进行验质作价，对售粮群众做到热情热心、服务周到。调运入库时，要协调好与承运单位的关系，确保到库车辆、船只的装卸，合理安排好装卸力量，督促装卸工按要求进行堆装，并做好地脚粮的清扫。

2. 认真验质

验质就是检验粮食的质量，这是确保粮食安全储藏的重要措施，是入库时一项十分重要的工作。所有接受入库的粮食必须检验质量，保证入库粮食达到干燥、饱满、纯净、无虫的要求。

粮食收购入库必须根据国家制定的粮食质量标准进行粮食质量检验，入粮时，按批量扦取样品，检测粮食水分和杂质含量等。入仓粮食水分含量宜控制在当地安全水分以下，杂质含量应严格控制在 1.0% 以内。对于水分、杂质含量超标的粮食，应经过干燥、清理，达到要求后，方可入仓。并根据国家粮食价格政策进行定等作价，落实优质优价政策，引导粮农民（或粮食经纪人）收好粮、卖好粮。验质人员必须熟练掌握粮食国家标准和检验仪器的准确操作使用，入仓验质时，验质人员要随到随验，作价公平合理，质价相符，不提级提价，也不压级压价，切实把好质量关，保证入仓粮食质量。对不合格的粮食，要经整理验收合格后才能入仓。验质员对收购粮食质量和价格负责。在整仓入仓结束后，要委托有资质的质检单位进行整仓粮质鉴定，建好粮食质量档案。

保管员需要对每批入仓的粮食进行杂质及水分的复检，根据复检结果确定是否退回。

3. 准确检斤

司磅员凭验质员开具的《粮食收购入库单》过磅计量。过磅前，司磅员应进行复验，如司磅员发现实际入库的粮食质量与《粮食收购入库单》不符，有权拒绝过磅；退回验质员重验。司磅员原则上由接收仓房的保管员担任，所有入库的粮食都必须准确检斤，司磅员要严把数量关，对入库粮食的数量负责。

司磅员要忠于职守、公平计量，严禁短斤压两，损害国家和群众利益。收购入库时，绝不能短秤坑害粮农。调运入库时要按规定检斤，对数量短缺者，要做好记录并及时报告，同时与承运方一起会检，分清责任。

4. 分类入仓

入仓验收员凭司磅员开具的《粮食收购入库单》验收入仓。验收员对入库粮食（油料）的品种、质量、件数和数量进行复验和清点，并与《粮食收购入库单》上的品种、质量、件数和数量进行对照，核准入仓后，在《粮食收购入库单》上签字，交回农户。如发现实际入库品种、质量、件数和数量与《粮食收购入库单》不符，退回司磅员核查。

入库的粮食要分类存放，即不同种类的粮食分开存放，不能混杂，有利于粮食的加工和销售，有利于粮食的安全保管。分类入仓，要做到"五分开"，即不同品种分开、质量好次分开、新粮陈粮分开、干粮湿粮分开、有虫粮与无虫粮分开。在此基础上，合理摆布好粮（油）源，尽力节省人力、物力和财力。

（1）品种分开　由于粮食的种类和品种不同，对环境条件、储存时间、保管方法等都有不同的要求。因此，入库粮食应按品种特征分开堆放。例如，稻谷应分籼、粳和早、晚分开堆放；小麦应分皮色与软、硬质分开堆放；大豆应分皮色与大、小粒分开堆放；玉米应分皮色应分粳、糯性分开堆放。种子粮则应按品种单收、单打、单晒、专仓储存，避免混杂，应确保种子的纯度与种用价值。

（2）好次分开 同一品种的粮食，其出糙率、容重、纯粮率、杂质和饱满程度并不是完全一致的。国家根据粮食的出糙率、容重、纯粮率、杂质含量和饱满程度不同，制定了若干个等级标准。出糙率和纯粮率高、容重大、杂质少、饱满程度好的粮食，品质就好，等级就高；反之，品质就差，等级就低。入库时坚持做到不同品种、不同等级的粮食分开堆放，不仅有利于粮食的安全储藏，而且还可以在供应时做到商品对路，物尽其用。

（3）新陈分开 新收获的粮食生活力强、呼吸强度旺，有其特有的香味，其种用价值和食用价值良好。而经过一年或以上时间储藏的粮食，则酶活性减弱，呼吸强度降低，生活力减弱，其种用价值与食用价值往往会随之发生一些变化，随储藏时间延长开始陈化。因此，入库时应把新粮与陈粮严格分开堆放，防止混存，以利商品对路供应，并确保粮食安全储藏。

（4）干湿分开 水分低的粮食生命活动微弱，呼吸作用缓慢，酶的活性降低，干物质很少转化分解，虫霉也不易生长繁殖。水分高的粮食生命活动剧烈，呼吸作用旺盛，酶的活性增强，容易萌动发芽，干物质迅速水解，新陈代谢强度急剧增加，虫霉容易大量繁殖，粮食品质会迅速劣变。因此，入库时要严格按照水分高低（干湿程度）分开堆放，保持同一粮堆各部位的粮食水分差异不大，以避免粮堆内发生因水分扩散转移而引起的结露、霉变现象。

（5）有虫无虫分开 入库时，有的粮食有虫，有的无虫。这两种粮食如果混存在一仓，则会相互感染扩大虫粮数量。因此，入库时应将有虫的粮食与无虫的粮食分开储藏。

5. 合理堆放

粮堆的合理堆积，不仅对安全储藏有利，而且可以节省仓容、器材和费用，便于检查和管理。因此，入库的粮食，应根据粮食的种类、质量、用途、存放时间长短、仓房类型与性能以及季节气候等情况，通盘考虑合理堆放方法，能散装存放的尽可能采用散存方式。

粮食堆积的方法，通常有全仓散装、围包散装与包装实垛堆放、包装通风垛堆放四种。

（1）全仓散装 全仓散装是指把粮食直接靠墙散存在仓房里的堆积方法。这种方法操作简单、费用低、不需要包装器材，能充分利用仓容，有利于机械入仓，而且便于检查和整理，故应用范围广泛，通常长期储存的粮食多采用这种方法堆放。但它要求仓房结构牢固，能承受粮堆的侧压力，否则容易造成仓墙裂缝、外倾甚至倒塌。

（2）围包散装 围包散装是指周围用袋装粮码成围墙进行的散装。围包散装这种堆存形式对仓墙没有压力。仓房墙体结构不牢固或粮种多、数量不大，适用于围包散装。这种堆存形式要占用一定的包装物，对围墙的质量要求较高。围墙的高度和厚度应根据粮食的散落性而定，散落性大的，围墙应低而厚；散落性小的，围墙可适当高和薄些。围墙要包包扣紧，层层骑缝，逐层稍收进，形成梯形，以加固包围强度，使其牢固不易倒塌。一般经验是每层收进30~35mm（图3-1）。

（3）包装实垛堆放 包装堆放通常采用麻袋装粮码成粮垛。实垛包装堆放适用于水分小、粮温低、较长时间储存的粮食。其特点是粮包挤靠紧密、空隙小，不易受外界湿热空气影响，能较长时间保持低温，有利于保管。

实垛包装堆放是用麻袋或面袋堆码成实垛，长度随仓房情况而定，宽度一般是四列，也可堆成两列、六列或八列，高度要视粮种而定，散落性大的粮种宜酌情减低，以防倒桩。

图3-1　围包散装　　　　　　　　　图3-2　实垛包装堆

实垛的牢固性在于"盘头"和"拍包"（"盘头"是指粮堆两头上、下层的粮包互相盘压，"拍包"是指上下层粮包，相互骑口），通过盘头和拍包，使整个粮堆的粮包都互相牵拉，而组成一牢固的整体（图3-2）。

（4）包装通风垛堆放　通风垛垛包间空隙大，便于通风、散热、降温及粮情检查，所以适用于保管水分较大、温度较高的粮食，尤其适合秋冬储存高水分晚稻。通风垛通常有以下几种：

半非字形堆。第一层放一列直包和一列横包；第二层是在第一层直包上面放横包，横包上放直包。这样交替堆上去（图3-3）。

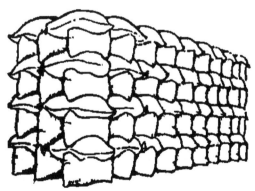

图3-3　半非字形堆　　　　　　　　图3-4　工字形堆

工字形堆。先侧放一层，包与包间要留出间隔，第二层则在第一层上交叉平放一层，第三层同第一层，第四层同第二层，这样交替堆到所需高度（图3-4）。

井字形堆。适用于小麦粉袋装堆放。第一层放二列直包，第二层放二列横包，如此交替堆高到一定高度。一般可将几个"井"字形连接在一起（图3-5）。

图 3-5　井字形堆

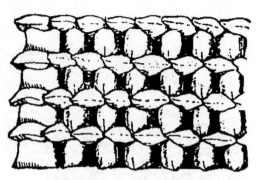

图 3-6　金钱孔形堆

金钱孔形堆。先侧放一层，包与包间要留出间隔，第二层平放，每包要压在第一层每二包的间隔上，第三层再侧放压在第二层缝上，并与第一层对称。这样交替堆到所需高度（图 3-6）。

粮食收购入库要做到日清月结、数字准确、账实相符。收购期间，入库品种、数量、价格、支付金额每日必须对账结算一次。

粮食调拨入库、集并转移入库、贸易购进入库，凭发货单位的发货明细表（移库单）验收入库。由保管员、调运员（防化员）到接收现场负责接收。清点接收件数，按规定抽包过磅和扦取粮食样品进行检验，检查包装质量，并将验收结果填入发货明细表（移库单）和粮食品质检验单，作为结算凭证和入库凭证。

中央储备粮和省级储备粮食入库时，除履行上述手续外，还必须以上级文件、《中央储备粮入库通知书》和《省级储备粮食入库通知书》为准。入库的储备粮食；要求水分在安全储藏标准以内，粮食为中等以上的新粮，其他指标均应符合国家质量标准和卫生标准。轮换入库根据粮权权属管理部门下达的轮换计划办理。

（二）入库操作

1. 操作步骤

登记 → 检验 → 计量 → 入仓 → 去皮并计算净重 → 计价结算 → 满仓整理 → 设备归位检修 → 数量质量验收。

并在入仓过程中，按照规定录入仓内粮食具体信息，包括品种、水分、温湿度、集装形式等基本信息。

（1）登记　对售粮客户按照来粮车船到达时间、顺序号等资料进行登记。具备条件的粮食仓库，可以运用网上预约排号，即到即卸。

（2）检验　检验时按照有关规定扦样检验，对检验结果签署"不合格退回""整理后入仓""直接入仓"的意见。

（3）计量　对检验合格的粮食进行称重。

（4）入仓　做到分类入库、"五分开储存"。品种分开；好次分开；新陈分开；干湿分开；有虫无虫分开。

（5）去皮　对卸空的车辆进行过皮称重，计算净重。

（6）计价结算　对净重的粮食按照品质判断和政策价格进行计价结算，在核算和会计员的协助下，及时将交售粮食的货款结付给农民或粮食经纪人，禁止克扣、禁止打白条。

（7）满仓整理　平整粮面做好清洁；合理布设测温电缆；铺设好走道板。

2. 粮食入库主要注意事项

（1）粮食入仓进粮工艺注意事项　采用卸粮坑（液压翻板卸粮、汽车自卸）卸粮时，严禁非作业人员进入卸粮作业区域；所有进粮口必须安装合格的钢格栅，并设置安全警示标识。

入仓过程中，提高机械化进仓水平，采取有效措施减少自动分级（浅圆仓、立筒仓入仓时采用布料器、减压管等）和防止测温电缆移位。

简易仓粮食入仓的进粮作业应从简易囤中心入粮，严防偏心装粮。

通过输送带卸粮时，控制卸粮速度、均匀卸粮。粮食入仓先里后外、先两头后中间进粮。同时，边进粮边抚平粮面，适时进行补仓。

（2）设备操作使用注意事项　作业线上的设备应按与粮食流向相反的方向依次启动；设备停车顺序与启动顺序相反。相邻设备的启动、停机应有一定的时间间隔。停车时，应先将设备内的粮食排空，再按顺序关停设备。

作业线上的设备全部启动后，应经空载运行，查看设备运转是否正常，如有异常，应停机检修。空载运行正常后方可进粮。

作业线中各种设备的额定产量不平衡时，应以最小额定产量作为作业线的产量。进粮时，初始流量宜控制在额定产量的50%左右，待粮流到达作业线的终点，并且作业线运转正常后，再逐渐加大流量，达到额定产量。

生产过程中一旦出现故障，需停机处理的，应立即停止进粮。故障点以前的设备应紧急停机。故障点以后的设备宜根据故障的性质和排除难度确定是否停机。故障的排除，应在设置警示标志的前提下，由设备管理员及时进行抢修和维护。

设备操作严格执行操作规程，禁止违章操作；设备运行禁止触摸；禁止乘坐输送带。

（3）入库生产作业检查注意事项　经常检查作业线上的设备是否安放平稳，有无"跑、冒、滴、漏"等现象。如有，应及时进行处理。随时检查设备轴承。如发现有高温、漏油及松动等异常情况，应及时进行处理。随时检查传动装置。如发现有跳动、晃动等异常情况，应立即停车进行处理。随时监测各设备的负荷情况，不得超负荷运转。发现有违章操作的应及时制止并纠正，及时消除安全隐患。

此外，杂质清理应在仓外进行，并尽量减少环境污染。

（4）包装粮入库卸车时注意事项　要按照从上到下、从近到远的次序逐包拆堆卸车，严禁从堆底或包装堆中或外侧抽包拆堆，防止发生粮堆倒塌、车板砸人或人员从车上掉下等意外伤害事故。

（5）包装粮入库堆码时的注意事项　包装粮堆码时，粮包要合理交错、骑缝堆码、整齐牢靠、避免歪斜，堆码高度应确保储存设施、人员安全。粮垛应距墙0.6m以上，高水分粮的堆码高度不应超过3m；高水分油料堆码高度不应超过1m，并应尽快处理。包装成品粮粮堆存时应有铺垫，堆垛大小应以确保粮食质量安全为第一原则。粉状成品粮应小堆垛储存，便于降温散湿。

（6）减少粮食自动分级　粮食的自动分级是指由于粮食籽粒形状、成熟度、杂质类型等不同，使粮堆的组分具有不同的散落性，性质相似的组分趋于聚集在同一部位，引起粮堆组分的重新分布。入仓过程中，应采取有效措施减少自动分级（浅圆仓、立筒仓入仓时采用布料器、减压管等）和防止测温电缆移位。

减少粮食破损和自动分级的主要方法：

减少粮食破损，使用高级环保清理筛和带抛扬设施的输送机；防止自动分级，多点进粮并尽量降低机头落点；对自动分级聚集杂质及时清扫移除。

（7）入仓进粮边收边管注意事项　收购时间较长，抓好边收边管十分必要，既要收好新粮，又要管好老粮。

一是做到筛虫、测温、记录"三结合"。边入库边查粮，粮收到什么位置，筛虫与测温就到什么位置，保防记录就反映到什么部位。及时掌握粮情变化，针对性地处理隐患。

二是对收购时间延长的，要采取边收购、边通风、边扒粮面的办法，通过早翻动早通风除积热，可以有效地杜绝收购时间拖得长，各部位温度、水分相差大，导致结露现象。

（8）平整粮面注意事项　平整粮面前，粮食仓库带班负责人应对作业人员提出平整粮面作业要求，做到粮面"平如镜"，防虫害群聚、防温湿扩散；作业人员应先开启仓房排风扇或窗户。

平整粮面时，应安排至少2人同时作业，并在仓门或进人口安排专人监护。作业人员应佩戴防尘口罩，必须从粮堆顶部自上而下摊平粮食，严禁站在粮堆低凹处摊平粮食。

平整粮面时，应在粮食入仓达到预定数量后平仓。粮面高差较大时，作业人员应防止跌落粮堆被粮食掩埋。

（9）对作业现场的烟火等限制要求　入库作业现场严禁烟火，预防火灾发生；应加强仓内通风换气，防止粉尘爆炸事故发生。

（10）对进入库区车辆管理的要求　库区道路采用通用的道路交通指示标识，标识醒目。进入库区车辆必须限速行驶，时速不得超过5km。

车辆进入库区卸粮时必须专人指挥和监督。

车辆停靠点应选择合理考虑扦样及称重操作的便利性。

入仓卸粮车辆在移动、停靠过程中，作业人员、设备与停靠车辆应保持安全距离，必须确保人身及设备安全。

三、入库结尾工作

1. 复验收购码单

入库结束前应认真仔细检查收购码单填写是否正确、全面，不能出现漏项、错项；参与收购的司磅、质检、保管员、监仓员、核算、会计、出纳、仓储分管领导和售粮农（客）户的签名是否齐全。发现不齐全的要及时补签。

2. 账实、账账相符

认真校准数量，保证保管账、会计账和统计账"三账"相符。对入仓粮食要建立账卡，及时记录粮食品种、数量、等级、水分、杂质等情况。一仓（廒）一卡，一垛一卡，悬挂在粮仓内和堆垛旁醒目处，便于检查。

3. 清洁卫生

粮食入库结束后要及时平整粮面，粮食仓库要对现场进行全面清理，并从仓内到仓外彻底进行清洁卫生大扫除，真正做到仓内面面光，仓外三不留（不留垃圾、不留污水、不留杂草）。

4. 扦样检验验收

入库结束后，以仓廒为单位，扦取平均样品进行质量检验，对已入仓粮食的质量等级和相关品质控制指标进行全面检（化）验，并将检查情况记入检查记录簿，作为入仓粮质的依据。检查内容包括：粮食质量、堆形安全、是否平整，各仓点温度、水分、杂质、虫害等。

5. 粮情检测准备

按要求做好粮情测温系统的插杆、布线工作。

6. 政策性粮食仓房要求

对存放政策性粮食的仓房，必须做到仓外有牌、仓内有卡、保管有账，账实相符；必须做到专人、专账、专仓"三专"管理；以及必须做到分仓建立政策性粮食质量档案，做到数量、品种、质量、地点"四落实"，真正达到政策性粮食"一符三专四落实"的要求。

第二节　粮食出库

一、出库原则

粮食出库包括销售出库、调拨出库、转移出库、拨付加工出库、出口出库及应付突发事件时需要的紧急出库。

粮食出库必须凭出库凭证出库，无证出库视为非法出库。零售出库凭销货发票出库；调拨出库凭《发货明细表》出库，转移出库凭《移库单》出库，拨付加工出库凭《拨付出库单》出库，凭上级有关文件出库。中央储备粮或省级储备粮食出库要以上级下达的文件和《中央储备粮出库通知书》或《省级储备粮食出库通知书》为准。整车（船）出库必须坚持保管员、调运员、防化员三人签字方为有效。轮换出库根据粮食事权归属管理部门下达的轮换计划办理。

如遇突发事件，需紧急动用中央储备粮或省级储备粮食，又不能及时履行出库手续时，可先凭上级机关的机要电报办理出库，然后由国家粮食和物资储备局或省级粮食行政管理部门补办正式出库手续。

出库粮食必须根据《粮油储藏技术规范》进行检验，检验结果填入《粮食品质检验单》。经检验不符合国家卫生标准的粮食都不得销售、调拨、出口和移库。

有条件进行散装、散运单位，在与收方协商达成共识的前提下，应积极开展散装、散运。散装、散运的粮食要准确计量。包装运输的粮食，必须执行定量包标准。定量包标准按粮食种类而定。标准麻袋：大米、小米、高粱米、小麦、豆类90kg，高粱、米大麦、玉米85kg，谷子80kg，稻谷、带壳大麦70kg，荞麦65kg，薯干40kg，芝麻、油菜籽、花生仁80kg，花生果、葵花籽35kg；标准面袋：小麦粉25kg。

一个仓房或一个货位的粮食出清以后，要及时进行清扫和盘底，计算其损溢，做到出一仓、清一仓、结一仓，并及时做好仓房消毒。

中央储备粮、省级储备粮和粮权在省的政策性粮，在接到上级指令出库时，必须按指定的品种、数量、质量和时限积极组织发运，不得以任何理由拒发或拖延。

建立门卫制度，加强出库监督。粮食出库时，门卫一律凭《出门证》予以放行。

粮食出入库的凭证包括收购凭证、贸易购进凭证、销售凭证、调拨凭证、出口凭证和移库凭证等。这些凭证是粮食入库或出库数量和质量的唯一有效依据。必须指定专人管理，安全保管，不得遗失、转让、出售，不得伪造、涂改，如有发生，应及时向上级主管单位报告。

粮食出入库的各种凭证，在粮食出入库中，如有错开、漏开等情况，必须将错开、漏开的页联粘贴在存根联上，不得擅自销毁。对已开具的各种粮食出入库凭单的存根联必须妥善保管，在粮食未出清库和最后结算前，各种出入库的凭单都不得擅自销毁，以便于核查。

二、出库操作

（一）作业前准备

粮食出库作业前，粮食仓库仓储管理部门统筹做好各项准备，根据当年的出库计划和先进先出原则以及人力、设备、运输方式等情况综合考虑，合理编制出库方案。

检验部门认真做好出库前质量扦样检验，出具质量检验报告。色泽、气味明显异常的粮食，要增加相关卫生指标检验。超过正常储存年限的粮食出库，应当经过有资质的粮食质量检验机构进行质量鉴定。

落实出库人员，明确分工。完成粮面薄膜、走道板、测温电缆、膜下熏蒸环流管道、挡鼠板等器材的拆除整理存放工作；准备出仓相关设施设备；作业场地清扫干净。

优化组合并安装调试好移动式扒粮机、移动式胶带输送机等粮食出仓机械设备。设备顺序为：扒粮机→输送机→打包秤→输送机→汽车。

（二）操作步骤

①车辆排序登记：按照车船到达先后顺序进行登记，并根据有关出库管理指令或有关合同约定，对出库数量实行总量控制，防止超装超发。并分批次记录完整的出库信息。

②空车过皮；

③装粮出仓；

④计量。

检斤员对出仓粮食进行过磅检斤、计算净重，监磅员监磅。

（三）出库主要注意事项

1. 初始出仓注意事项

应先打开仓窗、门和通风口，启动轴流风机，确认仓内不处于缺氧状态，熏蒸后药剂浓度已达到安全要求后，人员方可进仓。

2. 相邻廒间仓房隔墙出库时的注意事项

要保持两侧压力平衡，避免长时间偏载，以防止隔墙倒塌。

3. 包装粮出库拆堆时的注意事项

要按照从上到下、从近到远的次序逐包拆堆出库。严禁从堆底或包装堆中部外侧抽包拆堆，防止发生粮堆倒塌事故。

4. 拆除挡粮板（门）注意事项

（1）应先采取挡粮板（门）卸粮口自流方式出仓。

（2）当确认需要人员入仓扒粮或拆除挡粮板（门）时，必须有两人以上在场且配备安全

（3）拆除挡粮板（门）时必须严格执行以下工作程序，即当粮面低于最上层挡粮板（门）后，关闭出粮口，使粮堆处于稳定状态，安全人员拆除最上层挡粮板（门），然后打开出粮口，继续出仓作业。依次重复上述步骤，逐块拆除挡粮板（门），随时观察并防止粮堆坍塌或倾泻。如发现粮面流动，作业人员应立即停止作业并迅速撤离至安全地点。

（4）每块挡粮板（门）拆除操作完成后，作业人员应尽快撤离到安全区域。

（5）挡粮板（门）完全拆除后，才能用扒谷机进入仓内扒粮作业。

（6）粮食出仓作业过程中，如出现粮堆埋人，作业人员应立即关闭出粮闸门并报告现场负责人，现场负责人立即组织紧急救援。

5. 出粮口排堵

出仓过程中，出粮口堵塞或出粮不畅时，应执行出粮口排堵作业应急预案，严禁擅自入仓排堵。

出粮口排堵应优先采用仓外作业排堵方式，作业人员开大闸门，利用长杆通过出料闸门、扦样孔、排堵孔等扰动粮堆，实施排堵。对于有多个出粮口的粮仓，应先从未堵塞出粮口出粮，但应严防不对称出粮。

对于立筒仓和浅圆仓，可在底部设计安装空气炮清堵器用于排堵。

6. 粮食结拱（挂壁）处置

必须严格执行粮食结拱（挂壁）处置作业分级审批制度，严禁擅自进行处置作业。

粮食出仓前，仓储部门应先检查粮面是否结顶，如有，应进行处理；出仓中，发现仓内粮食结拱（挂壁）时，作业人员应先报告出仓作业现场负责人。

对于粮食有结块现象的立筒仓或浅圆仓，严禁一出到底。作业人员应在粮面每下降1米左右时，先关闭仓闸门，后进入仓内检修平台观察粮面，如发现明显挂壁或结块露出粮面，在保证安全前提下，入仓清理露出粮面的结块或挂壁，防止结块粮形成高耸柱状，或挂在仓壁高处，甚至形成大规模结拱。作业人员及作业工具全部出仓后，再开启闸门出粮。

平房仓挂壁时，作业人员利用长杆或高空作业车处置；立筒仓挂壁时，作业人员必须通过仓顶吊篮入仓利用长杆等措施处置；浅圆仓挂壁位置较低时应使用装载机处置，较高时通过高空作业车处置。严禁作业人员位于挂壁下方作业，以防挂壁坍塌砸伤或掩埋作业人员。

立筒仓结拱时，作业人员应通过仓顶吊篮入仓利用长杆等措施进行处理；浅圆仓结拱时，可开启浅圆仓挡粮门等方式进行处置，严禁作业人员站在粮面进行处置。处置作业结束后，作业人员必须全部撤出仓外，移出全部工具和设备。

第三节　粮食出入库数量、质量监管

一、粮食入库的数量监管

（一）确保计量准确

（1）实行定期检测衡器的制度，粮食入库前，应由计量检定部门对衡器进行核定校验，入库过程中还应适当增加衡器自校检定的次数，确保衡器称量准确。

（2）建立监磅制度，计量时应有专人进行监磅，在运粮车辆过毛重、皮重时，分别对车辆、随车物品进行检查登记、核对。

（3）派人押运，防范客户通过途中增减随车物品或冒名顶替虚增粮食重量，防止虚增入库数量。

（二）确保计量真实

（1）严格执行财务、统计、计量、保管四对账制度，计量、保管、统计应逐天核对，计量、保管、统计与财务每月应至少核对一次。

（2）用科学的方法保证对入库计量的监督和约束，即通过电子流量秤、粮食仓库业务管理信息系统等堵塞虚开凭证的漏洞，减少空白入库的机会。筒仓中控室人员应提供当班自动秤计量数据交部门负责人，以便于与汽车衡计量数据进行对比分析；筒仓的保管员与中控操作人员、磅房计量员应及时核对数量并签字确认。

（三）加强卸粮管理

卸粮车船应清扫干净，做到颗粒归仓。

（四）加强门卫管理

门卫应严格核对出门证，防止入库时经检验、计量后不入仓，再空车回皮，造成虚假入库。

（五）入仓后的工作

入仓任务完成后，统计员、保管员、会计员及时核对粮油分仓和入库总数，及时建立账卡。

二、粮食入库的质量监管

（一）制定并严格执行有关制度和规定，确保入库粮食质量符合相关国家质量标准

粮食杂质含量控制在国家标准 1.0% 以内（对筒仓入库需长期储存的粮食杂质含量应严格控制在 0.5% 以内），若超标，应清理合格后入仓；入仓粮食的水分，必须严格控制在当地储粮安全水分的范围内，没有达标的粮食，必须经过降水处理达标后方可入仓；入仓储存的粮食品质须符合《粮油储存品质判定规则》中"宜存"指标的规定，发热、发霉、有虫的粮食，或品质已不宜存的粮食、不符合有关卫生指标的粮食不得入仓储存；不同粮种、类型、等级、品质的粮食要分仓储存。入仓时通过除杂、降低抛粮机高度，减少粮食滚动的时间和频率，避免出现过大的自动分级现象。加强检查粮食自动分级情况并及时清扫处理。

（二）建立扦样、检验、保管三方监管的约束管理机制

在粮食入仓过程中，应采取初验、复验、跟踪检验等把关环节，保证入仓粮食质量符合规定标准。扦样员对样品进行初验，对粮食质量进行初步感官判断，并对局部不合格粮食进行标记；检验员对扦样员传递的样品进行复验，复验时宜采取密码编号、封闭运行的方式。对质量不合格的粮食应拒收。入仓时，监仓保管员应进一步抽查复验，对检验员、扦样员无法检验到的底部、夹层等进行扦样感官检验，防止装底盖面掺杂掺假，对质量有不符嫌疑的应及时通知或取样送检验员进行复验确认后及时处理；通过三方监督与控制把关，防止质量不合格粮入仓，保证入仓粮质达标。

（三）入仓结束后的质量管理

入仓结束后及时组织综合扦样，进行质量验收，对不合格者下达整改通知，建立标准质量档案。

三、粮食出库的数量监管

（一）确保计量准确

一是实行衡器定期检测制度，特别是出库前，应由计量检定部门对衡器进行检定，出库过程中还应适当增加衡器自校检定的次数，确保衡器称量准确；二是建立监磅制度，计量时应有专人进行监磅，在运粮车辆过毛皮重时，分别对车号、随车物品进行登记、核对；三是派人押运，防止客户通过途中增减随车物品或冒名顶替虚减粮食重量，防止虚减出库数量。

（二）确保数量真实

一是应严格执行财务、统计、计量、保管四对账制度，计量、保管、统计应逐天进行核对，计量、保管、统计与财务每月应至少核对一次；二是采用科学的方法保证对入仓计量的监督和约束，即通过粮食仓库管理信息系统等方法，堵塞不开凭证的漏洞，减少人为虚减出库的机会。筒仓中控室操作人员应提供当班自动秤计量数据交部门负责人，以便与汽车衡计量数据进行对比分析；筒仓的保管员与中控操作人员、磅房计量员及时核对数量并签字确认。

（三）加强装粮管理

及时清理回收散落粮。

（四）加强门卫管理

门卫应严格核对出门证，防止无出库手续偷盗出库。

（五）出仓后的工作

出仓任务完成后，统计员、保管员、会计员及时核对粮油分仓出库数和出库总数、及时建立账卡。

四、粮食出库的质量监管

（一）执行制度，确保出库粮品质

制定并严格执行有关制度和规定，确保出库粮食质量符合相关国家质量和卫生标准。

（二）粮食存储质量要求

粮食出库前，按《中央储备粮油质量检查扦样检验管理办法》，分区、分层、设点扦取样品测定粮食水分、杂质、等级、不完善粒及其他品质指标，并出具质量检验报告，出库粮食的质量应当与检验结果相一致。在储存期间使用过化学药剂并在残留期限内的粮食，应增加药剂残留量检验；色泽、气味明显异常的粮食，要增加相关卫生指标检验；超过正常储存年限的粮食销售出库，应当经过有资质的粮食质量检验机构进行质量鉴定并出具证明。

（三）质量监控

粮食出库过程中质检人员和保管人员要做好全程质量监控工作，对发现的局部质量异常的粮食应及时报告并单独包装、另行处理，不得混装、混发。

库存粮食的日常管理

库存粮食的日常管理是一项非常重要的工作，是仓储管理的核心和支撑。日常管理的基本任务和目标，就是要确保库存粮实现保质、保量、保鲜、保水、保值。

粮食结束了动态流动入仓，静止形成货位，在完成货位验收，建立货位基本信息后，即开始了库存粮日常管理。

这期间基本工作内容，一是建立制度，落实岗位责任。二是启动相关日常管理工作。

第一节　建立制度

粮食是活的有机体，是充满生命力的"活商品"。它时刻都处在运动与变化之中。其生理活动强弱、变化速度快慢均与储存环境条件密切相关。当温度低、湿度小、氧气不充足时，它的生理活动微弱，变化速度缓慢，不易发热变质。当温度高、湿度大、氧气充足时，其生理活动剧烈，变化速度加快，容易发热变质，造成损失。此外，粮食在储藏期间，还会遭受虫、霉、鼠、雀等自然敌害的侵袭和贪污盗窃等犯罪分子的破坏，发生不应有的损失。因此，粮食仓库领导与职工要有强烈的责任感，居安思危、静中防变，克服麻痹大意的思想，认真贯彻"以防为主，综合防治"的保粮方针，建立从领导、到防化员、再到保管员的分级负责制。从领导到职工，层层有目标，人人有任务，全面做好粮食保管工作。为了有章可循，便于自我监督管理，粮食仓库应建立以下保粮制度。

一、岗位责任制

粮食仓库应对本单位的领导、防化员与保管员等分别明确各自的岗位责任，并认真贯彻执行。

（一）领导责任

粮食仓库主任和分管仓储工作的副主任为责任领导，负有贯彻国家粮食政策、担负本单位粮食保管工作的领导责任。应确立工作目标，做好全库保粮工作安排，并抓好落实；建立以人为本的管理模式，在工作中尊重人、理解人、关心人，充分调动职工的积极性，积极改善劳动条件，推行科学储粮技术，运用各种激励手段，开展保粮劳动竞赛，促使职工提高劳动效率；经常深入现场检查指导工作，解决保粮中存在的问题；实行科学规范的管理，全面完成上级下达的各项任务。同时，还应认真加强政治思想工作，开展职业道德教育，加强业务培训，不断提高保防人员的责任感与业务能力，促使他们改善服务态度，安心本职工作，主动积极地保管好粮食。

（二）防化员责任

粮食仓库从事粮食保管防治技术工作的人员为防化员，负责指导本单位粮食保管业务工作，是责任领导的助手。应认真贯彻执行国家粮食方针、政策和"以防为主、综合防治"的保粮方针，做到"四无"粮仓常年化；定期制定本库保粮工作计划，组织安排好全库的粮食收购、调运、储藏、检验、器材管理、计量、搬运、安全等工作；定期组织保管员进行业务学习，传授讲解保粮知识，推广应用先进储粮技术；定期进仓检查，及时发现问题并指导协助解决，做好粮食保管检查评比工作；登记好分仓商品、库存器材，做到账实、账账、账表三相符。

（三）保管员责任

粮食仓库从事粮食保管具体工作的人员为"保管员"，负有接收好、保管好粮食的责任。粮食入仓后要建立保管账，做到收发有据、数字准确、账实相符；要及时平整粮面，经常检查粮情，搞好仓内外清洁卫生，及时清理地脚粮，防治鼠雀危害与房顶霉变，并在防化员的指导下认真做好空仓（环境）消毒、药剂杀虫、机械通风、"双低"或"三低"保粮等工作，确保粮食安全储藏。从接收粮食入仓起至出仓止，保管员对仓内储粮要负责到底，做到库存粮食数量准确、质量良好，常年实现"四无"（无害虫、无变质、无鼠雀、无事故）。

中央储备粮保管员岗位职责包括以下几点。

1. 岗位职责和责任

（1）承担粮食进出库任务，负责粮食数量真实准确。

（2）承担粮食日常保管任务，负责粮食储藏安全。

（3）承担科学保粮任务。通过对粮食实现科学保粮，使粮食平均粮温常年保持在15℃下，最高粮温不超过25℃（力争控制在20℃以下），实现低温储粮。使储粮达到保质、保鲜、保水、保值的目标。

（4）承担分担区内的防火、防汛的任务，负责分担区内的安全工作。

2. 日工作内容及程序

在每个工作日中，保管员要按以下工作内容和程序安排工作。

（1）打扫分担区和库房内的卫生。

（2）进行粮温检查并做记录。

（3）进行粮情检查（包括虫情、鼠情、结露、结顶、仓房设施等项）并做记录。

（4）采取措施，处理相应情况（包括平整粮面或翻动粮面、密闭、通风、施放药剂、安放防虫、防鼠设施等）。本人处理不了的，要立即向库领导报告。

（5）检查配备的工具、器材是否完好无缺。

（6）检查库房门窗是否按要求密闭或开启。

（7）检查电源、火源是否处于安全状态。

二、粮情检查制度

根据不同季节、不同粮质定期或不定期测检粮情（包括粮温、水分、储粮质量与虫霉鼠雀危害等情况），及时掌握粮情变化，是仓储保防人员的责任。一般新粮入仓后，粮温高，粮食生理活动旺盛，粮情不稳定，这时，保管员应每三天测检一次；储藏一段时间，粮情稳定后，可以每七天测检一次；在风、雨、雪、冰雹袭击期间，以及储粮水分高或有发热、结露征象时，应每天进仓检查，及时处理。防化员在正常情况下每月至少进仓检查三次；天气不好或有危粮时应三天检查一次。保粮领导在正常情况下，一般每月检查一次，特殊情况下每周检查一次。

保粮领导和防化员除应抓好全库保粮工作、深入仓房检查粮情外，还应每月组织全库保粮人员集中进行一次储粮普查，全面掌握储粮安危情况。普查时除要逐仓逐廒逐个货位认真检查粮情与质量外，还要认真检查测检记录与测检制度执行情况，并做出评价。在普查中发现的问题，要做详细的记录并及时处理，坚持边普查边处理，不留隐患。通过普查要根据储粮品质变化情况，有计划地推陈储新，防止盲目延长储存时间，造成质变损失。

保管员应认真执行粮情检测制度，按期检测，并及时填写检测记录，发现问题及时上报。凡擅自离开岗位，不按期检测，不做好记录或伪造检测记录者，单位领导应按规定、视情节轻重分别给予批评教育、经济处罚和行政（或纪律）处分。

中央储备粮粮情检查制度包括以下几个方面。

（1）为确保中央储备粮油质量完好、保证安全，要经常进行粮情检查。

（2）保管员日检查。逐库、区、垛、货位检查，查"三温"变化，虫、霉、鼠、雀、有无上漏下潮等情况，做好记录。

（3）保粮组周查。检查粮情变化，复核粮温、卫生、虫鼠防治是否安全及防火安全和"四无"质量等。

（4）仓储科自查，复查保粮组的检查结果是否准确，对储粮形态进行抽查，重点检查各项制度的执行情况和防治措施是否完备。

（5）库保粮安全委员会月检查，对各储粮单位进行全面检查，各项检查做出详细记录，分析、研究粮情针对存在的问题采取有效措施，及时处理并决定奖惩。

（6）专业人员随时查，各专业管理人员，按分工随时检查，考核各项制度，贯彻落实情况，做好记录，提出奖惩意见。

（7）根据粮情检查情况，保管员每5天做一次粮情检查记录本。

三、清洁卫生制度

搞好粮食仓库清洁卫生是确保粮食安全储藏的重要措施，粮食仓库必须做到：

（1）经常保持仓内、仓外清洁整齐。要建立卫生制度（三天一小扫、七天一大扫），划定卫生责任区，分片包干，落实责任，做到"仓内面面光，仓外三不留"（不留杂草、垃圾、污水）。坚持出一仓，清理一仓，不清仓不装粮。

（2）经常保持粮食的清洁卫生。在保管、搬倒、整晒、烘干各个环节中，要防止混入杂质、感染害虫和吸附异味，严防有毒物品污染粮食；对已污染的粮食，妥善处理，严禁与未污染的粮食混合存放，造成更大损失。

（3）库区内工作区与生活区要隔离，储存粮食的区域内不得饲养家畜、家禽。

（4）保持办公室、职工宿舍和其他附属建筑的清洁卫生，积极创造条件美化环境、绿化环境，建设文明粮库。

（5）包装器材与仓储用具要经常保持干燥、清洁、无虫、无霉，在使用前后都必须检查，发现已感染害虫的器材，要隔离存放，并熏蒸处理。

（6）粮食装卸及运输工具，使用前应该进行认真检查，凡感染害虫或被毒物、异味污染的车船、装具，未经彻底清扫（洗刷）消毒，严禁使用。

清扫粮仓时，作业人员应开启仓房门窗或排风扇；清理浅圆仓、立筒仓前，作业人员应检查并确认通风换气系统运转正常，并在运行10min后开始清扫。清理浅圆仓、立筒仓的上下通廊和工作塔时，严禁使用压缩空气吹扫灰尘。

清扫仓房时，作业人员应佩戴防尘口罩。灰尘较多时，应采取负压或湿式作业等措施，防止粉尘飞扬；灰尘较少时，可采用普通清扫方式。

四、危粮处理制度

在日常检查和普查中发现储粮有隐患，如因水分或粮温偏高，粮情出现异常，如结露及轻微霉变时，保防人员应及时报告单位领导，组织抢救。通过抢晴天暴晒、烘干、降低堆高、摊晾散热去湿，扒沟翻动粮面或进行强力通风与灌包堆存等，尽快消除隐患，转危为安，确保安全储藏。

凡发现储粮有隐患或轻微霉变时，保管员、防化员不及时报告领导，或报告后领导拖延不做处理引起损失的，要分别追究保防人员与领导的责任，并做出严肃处理。

五、"四无粮仓"检查制度

（1）无害虫　对现场库房要加强管理积极消灭虫源，现场库房要做到无积雪，无污水、无粪便、无散乱资材、无杂粮，做到清一仓，消一仓，不清仓，不装粮，储粮现场，储粮库房，四壁及地面要做到清洁干净。

（2）无霉变　认真贯彻执行三级保粮检查制度，坚持保管员随时检查，保粮区组日查，科领导周查，做到有粮必查，查必彻底，不留死角，建立完整的粮情粮温检查记录，并按照要求认真填写。

（3）无鼠雀　库房内要做到无雀迹、无雀洞、无鼠迹、无鼠粪。库房门要有防雀网，现场库房要有捕鼠工具，及时投放，鼠药、鼠饵，每月不低于两次，及时清理死鼠，现场库房不得有死鼠，各组要有捕鼠记录。

（4）无事故　现场保管员要计片定岗，责任到人，并负责分担区内安全生产、防火、防盗等工作，现场作业严禁吸烟，办公室要严格执行"三不落地"制度，收付专储粮要严格执行专储粮出入仓管理制度。

六、质量管理制度

（1）检验员必须以公正科学态度对粮谷进行质量检验，严格按国家标准检验，真正做到依质论价。

（2）严格控制入仓粮食质量，水分超过安全存储标准的粮食，污染变质的粮食以及发热高温的粮食严禁入仓储存。

（3）按规定周期对库存粮油进行质量管理。认真做好各项检验记录，认真绘制各种图表，并及时将普查情况反馈给有关部门，为安全保粮提供依据。

（4）经常深入现场，掌握粮情的变化情况，随时对粮情进行检验。

（5）严格把好质量关，若检验结果与发粮产生差异，必须立即汇报，经请示后，妥善处理对因检验工作失误造成库存粮油出现质量事故，追究其责任。

七、安全管理制度

（1）安全生产是以"安全第一、预防为主"为原则，在生产经营活动中，必须要坚持做到管生产必须管安全，坚持"五同时"即在计划、布置、检查、评比生产的时候，同时进行计划、布置、检查、总结、评比安全工作。

（2）安全工作逐级落实，对人、物、环境、管理四个方面的不安全因素进行全面的控制，使各项方针、政策、规定、操作程度都符合安全要求。

（3）严格执行劳动安全规定及各项操作规程，正确使用劳动用品，遵守劳动纪律，遵章作业。

（4）对职工进行岗前培训，对特种作业人员，生产管理人员必须进行安全技术教育，必须进行新岗位、新操作办法的安全教育，特种作业人员必须持证上岗作业。

（5）立即落实整改措施，消除不安全因素，做到防患于未然。

除以上制度外，对粮食仓库的规范管理，还必须建立相应的有关制度。

八、中央储备粮库包仓责任管理制

单仓承包是指保管员对一个或若干个储粮货位的仓储管理工作负总责，其他岗位如检验员、检斤员、监磅员等负连带责任，按照权责比例承担相应的权利和义务，采取保管员单包和班组联包相结合方式。

包仓管理主要内容包括数量、质量、安全、费用和规范化管理五个方面。

（一）包数量

1. 工作目标

账实相符率100%。

储存损耗率低于分公司年度下达指标。直属库结合不同仓型、不同品种的管理难易程度，在形成货位后以确认书形式分解下达各仓。

2. 目标责任人

保管员、检验员、检斤员（监磅员）。

3. 工作措施

（1）衡器定期校准检查　粮食集中出入仓前，检斤员负责向科长提请对地磅进行校准和鉴定，同时检查地磅护栏、挡板和基座是否完好无损。

（2）检斤　作业期间，检斤员每天要对地磅周边检查和清理一遍，确保地磅使用正常，发现异常及时报告，并做好工作记录。监磅员负责检斤监督，严格执行一车一磅，并坚持检斤员、监磅员和保管员（监管员）三人签字制度，共同确认检斤数量，规范填写检验检斤单。

（3）扣量或补量　粮食入仓采取过筛处理，并按照相关规定及标准执行扣量或补量。

（4）抽查　包仓保管员在卸车过程中要进行质量抽检，做好相关记录。如抽检结果和检验单相差较大时，应立即停止卸车，复检合格后方可入仓。

（5）对账　出入仓期间，包仓保管员、检斤员和统计员每天核对出入仓数量，做到日清月结，及时记录分仓保管账、保管总账。

（6）测量　整仓入仓完成后，按照规定进行整仓测量，计算核实相符情况。如果超出允许误差（±2%），要查清原因并及时整改。

（7）签订确认书　分公司质监中心验收合格后，包仓保管员、检验员、检斤员共同签订包仓确认书。

（8）通风管理　采用离心风机通风作业必须将通风方案经仓储科长同意、分管主任批准后实施，其他自然通风、环流通风或缓速通风由包仓员自行按照分公司要求及库内流程确定。通风作业应严格按照机械通风有关操作规程执行，减少无效通风和失水通风。

（9）科学保粮　粮食储存期间，要积极配合科室和科技小组推广应用科学储粮技术，降低储存损耗。

（10）规范出库　出库时，包仓保管员必须按照出库通知单标明的仓号、品种、数量安排出库。货位出完后，及时填写损溢登记单。

（二）包质量

1. 工作目标

单仓质量符合相关规定，实现质量达标100%、品质宜存100%，整体质量达标率和品质宜存率严格执行直属库年初考核下达的指标，且不低于分公司当年下达的指标。

2. 目标责任人

保管员、检验员。

3. 工作措施

（1）仪器校准　化验室所用的检化验仪器必须按照规定定期进行校对，减少测量误差，确保设备使用正常。

（2）人员培训　新粮收购前，对检验人员进行针对性岗前培训，统一检验标准。

（3）准确检验　粮食入仓时，检验员严格执行一车一检，按照粮食入仓质检流程，严格执行规范扦样、扦检分离、盲样检测和封闭检验等制度，严格按照相关规定及标准判定。

（4）质量控制　保管员要严把粮食质量关，执行保管员抽检、检验员复检制度，严禁质量不合格的粮食直接入仓。入仓时每1000t定期扦取仓内粮食综合样进行检验，确保整仓粮食质量合格。

（5）整仓鉴定　粮食入满货位后，保管员会同检验员及时扦取综合样初验并整仓鉴定。如出现质量问题，要查清原因并及时整改。

（6）签订确认书　初验合格后购销轮换科及时向分公司提报验收申请。分公司质监中心验收合格后，整仓质量控制移交仓储科管理，保管员、检验员共同签订包仓确认书。

（7）质量检测　每年3月、9月按照品质检测规定，由保管员配合检验员对库存粮食质量进行全面检测，并优先以分公司检测结果作为年度考核依据。

（8）科学保粮　粮食储存期间，要采用综合控温储粮技术，防止粮食发热、结露、霉变和发生虫害等，延缓粮食储存品质下降。如发现粮情异常，及时报告并采取有效措施处理。

（9）规范出库　出库时，检验员应按规定进行整仓质检，检验结果作为包仓考核依据。

（三）包安全

1. 工作目标

实现"四无"粮仓、安全生产无事故。

2. 目标责任人

保管员。

3. 工作措施

（1）粮情安全　严格执行 GB/T 29890—2013《粮油储藏技术规范》和保管员日常工作内容和行为规范，按照仓储管理标准化管理规定，加强粮情检查和记录，按时参加粮情分析会。对检查发现的问题做好记录，及时汇报，提出处理建议。

（2）日常安全　进入库区工作必须穿工作服，作业期间必须佩戴安全帽。保管员日常重点检查仓房门窗、电源、设施设备等情况，做好检查记录。发现安全隐患，及时上报带班领导及专职安全管理员。

（3）作业安全　认真落实岗前安全教育、安全告知和安全培训，严格执行各类安全作业规定。作业现场要设置警示牌和警戒线，执行领导带班制度和安全管理员巡视制度。安全责任人要加强安全责任区域内的安全监督、安全隐患排查及整改情况跟踪，确保安全无事故。

（4）包仓员严格执行《中国储备粮管理总公司安全生产管理办法（试行）》，落实安全生产全员责任制。保管员在划定安全责任区内安装责任人铭牌，落实安全责任，严格考核奖惩。

（四）包费用

1. 工作目标

年度单仓综合核定费用不超预算（或包干使用），允许误差 5%。

每个轮换周期日常用品不超核定配置标准，允许误差 2%。

2. 目标责任人

保管员。

3. 工作措施

（1）单仓作为费用核算单位，建立单仓费用台账。充分考虑仓型、仓容及粮食品种、性质的不同，合理确定粮食在出入仓和储存期间各环节的费用标准。

（2）严格执行费用报告、审批和领用制度，做到有报告、有记录、有签字。单仓主要核算费用有熏蒸费、清消费、出入仓加班费、粮食整理费等。

（3）严格执行器材领用登记制度，做到出入有据。领用器材主要有温湿度计、平粮工具、扫帚、拖把、手套、口罩、手电和"五统一"用品等易耗物品。

（五）包规范化管理

1. 工作目标

仓储管理做到标准化、规范化、流程化和精细化。

2. 目标责任人

保管员。

3. 工作措施

（1）严格执行分公司区域一体化仓储标准化管理办法，规范执行"四单（单一计划、单一标准、单一采购、单一发放）""五统一（统一计划、布置、检查、总结、评比）"管理。

（2）熟悉本岗位工作业务、流程和工作职责，掌握中储粮员工应知应会知识，"一口清"

汇报完整、准确、熟练。

（3）严格执行业务流程和工作要求，各业务环节记录完整，工作交接及时规范，保管日志记录翔实。

（4）积极参加业务学习、培训和考核，按时上报工作计划、工作任务，主动进行粮情汇报和分析讨论，确保达到仓储标准化管理岗位要求。

（5）做好仓房环境卫生，保持仓内干净，粮面及走道板平整，仓外做到四不留（土粮、杂草、垃圾、污水）。

第二节 粮情检查及异常粮情处置

粮食在储藏期间，由于其本身的生命活动，储粮害虫、微生物与老鼠、麻雀的危害，以及环境温湿度和空气的影响，会不断发生诸多的变化。为了确保储粮安全，在储藏期间要经常进行检查，掌握粮情变化，以便及时采取措施，杜绝一切不良变化带来的危害和损失。

一、粮情检查方式

粮情检查方式可分为全面普查、定期检查和不定期检查3种。

检查时要求做到有仓必到，有粮必查，查必彻底。发现问题时要边检查边处理，不留隐患。

二、粮情检查内容

粮情检查一般应着重检查温度、湿度、虫害、水分和品质等，对种子粮还要检查发芽率。

对于粮食品质检查，要求入仓结束后委托质检部门进行整仓鉴定，之后每半年检查一次，并做好记录，建立档案。

入仓日常进行粮情检查，人员入仓前，应确认安全，特别是气体浓度安全后方可进仓。进仓后，检查粮食色泽气味；观察仓内有无虫茧网、鼠雀迹；检查仓温仓湿、粮温粮湿；检查粮堆是否有结露、板结、发热、霉变等现象。有条件的粮食仓库可取样进行粮食籽粒霉菌孢子检测。

检测水分，采用粮食水分快速检测仪（器）检测，或抽样送检。

虫害检查，按 GB/T 29890—2013《粮油储藏技术规范》的方法取样，筛检害虫，并鉴定害虫种类，测算虫口密度、确定虫粮等级。

采用计算机测温的，传感器布置应标准规范，系统工作正常。应检测"三温两湿"，粮温检测周期见表4-1。

表4-1	粮温检测周期建议	
储粮情况	检测周期（粮温低于15℃）	检测周期（粮温高于15℃）
安全水分粮、基本无虫粮	15天内至少检测一次	7天内至少检测一次

续表

储粮情况	检测周期（粮温低于 15℃）	检测周期（粮温高于 15℃）
半安全水分粮、一般虫粮	10 天内至少检测一次	5 天内至少检测一次
危险水分粮	5 天内至少检测一次	每天至少检测一次
危险虫粮处理后的 3 个月内	7 天内至少检测一次	
新收获粮食入仓后 3 个月内	适当增加检测次数	

对未采用计算机测温的粮堆，或计算机测温的盲区、粮温异常点、系统故障点，或易发生问题的部位，应进行人工检测检查、记录检测结果。

三、粮情分析与处理

通过对粮油的定点机动检查，再借鉴以往的资料，就能对粮油进行系统分析，得出轻重缓急，及时采取相应的处理办法，并通过它研究和掌握粮油的有关变化规律，提高仓储工作水平。

（一）粮情分析

基层保防人员要善于从保防记录中通过粮温、水分、虫害变化，查找规律、发现隐患、针对性提出处理意见。县级以上主管部门要借助层层上报的仓储月报表发现问题，主动对表对标季节温度变化，科学设置月报表中温度指标，完善现有报表中的温度指标，才能早发现问题、早处理隐患。

（二）异常粮情处置

1. 发热粮处置

采用粮温比较、取样分析、虫霉检测、感官检查等方法，综合分析判断，发现粮堆发热部位，分析原因，采取相应处置措施。

害虫引起的发热，应采取熏蒸防治措施，杀灭害虫，再通风降低粮温。

杂质多或后熟作用引起的发热，应清除杂质，杂质不易清除时可通过打探管，通风降温，消除发热点。

粮堆表层发生轻微结块发热时，粮面板结、松散度降低，应翻动粮面、开启门窗自然通风散湿散热。无自然通风条件的应密闭门窗，内部利用除湿机吸湿散热，或进行密闭熏蒸、降低粮温。

水分过高、结块霉变引起的局部粮堆发热，应先采取机械通风、仓内翻倒、翻仓倒囤、谷冷机通风或熏蒸抑菌等措施降低粮温，再采取就仓通风干燥或出仓晾晒、烘干等措施降低水分。

全仓或粮堆大部分出现结块发热，应及时翻仓倒囤或出仓干燥。

2. 结露处置

粮堆表层结露时，应适时通风、除湿，以及翻动粮面。

低温粮仓、地下粮仓出现结露时，如外界温度、湿度较高，严禁开仓通风，可使用谷物冷却机、除湿机和吸潮剂等处理。

粮面密封膜内结露时，应揭开薄膜，晾干结露水，驱散粮面表层水分。

仓顶仓壁结露时，应采取措施防止结露水流入粮堆。

3. 高水分粮处置

粮食水分高于当地安全水分3%以上的高水分粮，一般情况不许直接入仓储存。因气候条件等特殊原因收购的高水分粮，应通过晾晒、烘干机干燥、通风干燥、谷冷降温降水等方法将水分降至安全水分以下，再入仓储藏。

在储藏期间，局部高水分粮，应采取机械通风、就仓干燥等降水措施。必要时局部挖掘粮食，移出粮仓晾晒干燥。

第三节　粮食保管损耗管理

粮食从收购入仓到出仓的整个保管过程中所发生的减量，称为粮食保管损耗。粮食保管损耗的大小可以反映粮食仓库的管理水平，直接影响着粮食仓库的经营效果和经济效益。因此，加强粮食保管损耗管理是粮食仓储业务工作的一个重要环节。粮食保管损耗包括水分、杂质减量和自然损耗两个方面。

一、水分、杂质减量

水分、杂质减量是指粮食在保管过程中，由于水分自然蒸发减量发生的损耗，或是由于储存粮食的水分、杂质超过标准，为确保安全，经烘晒、整理所发生的减量损耗，又称整理损耗。这种损耗一般数量较大，按实际核销。

由于粮食在储存过程中存在着水分、杂质减量，因此要求质量检验人员，从粮食入仓起到出仓止，都要认真、准确地测定粮食水分、杂质等数据，除记入检验档案外，还应在每栋仓库、每个囤、垛的卡片上详细记载入仓数量、水分、杂质情况，烘晒后的水分、杂质情况以及出仓时的水分、杂质情况等。入仓和出仓时的粮食水分、杂质含量，作为核销损耗的依据。没有入仓、出仓的粮食检验凭证不能任意核销水分、杂质减量。

粮食在储藏过程中，由于水分、杂质状态的改变而产生粮食数量和质量上的变化。对于这种变化，粮食仓库会计和检验人员在计算方法上应当一致，并且应当以检验凭证为依据进行计算与核销。

粮食因水分降低而减少的数量，是按接收入仓和出仓时粮食的平均水分来计算的。公式如式（4-1）、式（4-2）：

$$水分减量（\%）=\frac{入库时粮食的平均水分-出库时粮食的平均水分}{100-出库时粮食的平均水分}\times100\% \quad (4-1)$$

$$因水分降低而减少的数量=接收粮食数量\times水分减量 \quad (4-2)$$

粮食因杂质降低所引起的数量损失，以接收粮食数量乘以接收与发出粮食中的杂质百分率的差数来计算。即式（4-3）：

$$因杂质降低而减少的数量=接收粮食数量\times（接收时杂质\%-发出时杂质\%） \quad (4-3)$$

二、保管自然损耗

保管自然损耗是指在保管过程中，由于检斤的合理误差、检验所耗用的样品、搬动中零星抛撒、轻微的虫鼠雀害，以及粮食正常呼吸消耗的干物质等所产生的损耗。这种损耗数量一般较小。粮食自然保管损耗的计算公式为式（4-4）、式（4-5）、式（4-6）：

$$保管自然损耗量=入仓总量-出仓总量-水分、杂质减量 \qquad (4-4)$$

$$保管定额损耗量=入仓总量×自然损耗率定额（\%） \qquad (4-5)$$

$$超耗量=保管自然损耗量-保管定额损耗量 \qquad (4-6)$$

根据《政府储备粮食仓储管理办法》（2021年1月27日公开发布）规定，中央储备的保管自然损耗定额为：

原粮：储存6个月以内的，不超过0.1%；储存6个月以上12个月以内的，不超过0.15%；储存12个月以上的，累计不超过0.2%（不得按年叠加）。

油料：储存6个月以内的，不超过0.15%；储存6个月以上12个月以内的，不超过0.2%；储存12个月以上的，累计不超过0.23%（不得按年叠加）。

食用植物油：储存6个月以内的，不超过0.08%；储存6个月以上12个月以内的，不超过0.1%；储存12个月以上的，累计不超过0.12%（不得按年叠加）。

地方储备的保管自然损耗标准由粮权所属的地方政府粮食和物资储备行政管理部门会同同级财政部门制定。

三、保管损耗管理

（一）原则

两种损耗必须分别计算，分别列报。计算时应以一个货位或批次为单位，在粮食出清库后，按凭证进行计算。保管的粮食，出仓数多于入仓数的，其多余数量为"增溢"，应按"商品溢余"处理。出仓数少于入仓数的，其短少数量为"损耗"剔除水分、杂质减量和定额损耗量外，还有损耗的称为超耗。发生超耗或溢余都必须查明原因，属非人为因素，才可核销。

（二）具体措施

粮食仓库应经常对职工进行教育，严格遵守仓库的各项制度和操作规程，降低保管损耗。粮食进出仓，必须称重、检验水分、杂质，填写磅码单和检验凭证作为核耗依据。两种损耗必须分别计算。保管损耗不得预报、估报、假报和隐瞒不报。粮食在保管过程中，因其他各种原因粮食发生损失，应按财产损失有关规定办理，不做正常损耗处理。

第五章

CHAPTER

粮食质量管理

5

粮食质量管理是粮食仓库的一项非常重要的工作。粮食质量安全直接关系到人民群众的身体健康和生命安全，关系到经济健康发展和社会和谐稳定，关系到党和国家的形象。要做好粮食质量管理工作，粮食仓库须做好以下工作和掌握相关知识。

第一节　粮食储藏质量管理

一、建立粮食质量安全相关制度

（一）粮食仓库须实行粮食质量安全档案制度

如实记录以下信息：粮食品种、供货方、粮食产地、收获年度、收购或入库时间、货位及数量、质量等级、品质情况、施药情况、销售去向及出库时间，其他有关信息。粮食质量安全档案保存期限，以粮食出库之日起，不得少于 5 年。

（二）粮食仓库须实行粮食质量安全追溯制度

以库存粮食识别代码为载体，建立从收购、储存、运输、加工到销售的全程质量安全追溯制度，实现粮食质量安全的可追溯。建立粮食质量安全数据库和质量安全分析模型，实现粮食质量安全风险预警预报等。

（三）粮食仓库须实行粮食召回制度

粮食仓库发现其销售的粮食有害成分含量超过食品安全标准限量的，应当立即停止销售，通知相关经营者和消费者，召回已售粮食，并记录备查；同时将召回和处理情况向县级以上粮食行政管理部门报告。召回的粮食能够进行无害化处理的，可进行无害化处理，并经专业粮食检验机构检验合格后方可销售；符合饲料安全标准的，可用作饲料原料；不符合食品和饲料安全标准的，应当用作其他工业原料。

二、粮食储藏各环节的质量管理

（一）粮食入库环节

入库的粮食必须符合国家规定的标准，不合格的粮食不能接收。中央储备粮管理经验是，强化粮食入仓环节的质量控制，实行密码检验，形成"粮食入库门检→现场复检→临时抽查→保管员监卸→大堆复验→固定形态后检验"为主链的质量监控体系。

（二）粮食储藏环节

储存粮食应当按照《粮油仓储管理办法》《粮油储藏技术规范》等要求，定期进行粮情检查和品质检验，确保粮食储存安全。要对粮食储存过程中的温度、湿度等条件进行管理，防止霉变。

（三）化学药剂使用环节

必须严格执行储粮药剂使用管理制度、相关标准和技术规范，严格储粮药剂的使用和残渣处理，详细记录施药情况。施用过化学药剂且药剂残效期>15d 的粮食，出库时必须检验药剂残留量。储存粮食不得使用国家禁止使用的化学药剂或者超量使用化学药剂。

（四）粮食出库环节

粮食出库实行粮食出库质量安全检验制度。

（1）正常储存年限内的粮食销售出库，粮食仓库可以自行检验并出具检验报告；不能自行检验的，可委托专业粮食检验机构检验并出具检验报告。

（2）超过正常储存年限的粮食出库，应当经过专业粮食检验机构进行质量鉴定；检验机构在接受委托检验申请后，一般应在 15 个工作日内完成扦样、检验和出具检验报告。

（五）粮食运输环节

运输粮食严防发生污染、潮湿、霉变发热等质量安全事故；不得使用被污染的运输工具或者包装材料运输粮食；不得与有毒有害物质混装运输粮食。

第二节　粮食质量相关标准

与粮食仓储企业仓储业务密切相关的标准主要是粮食质量标准、粮食储藏质量控制指标、储藏技术的规程规范等。

一、粮食质量标准

（一）粮油质量标准的概念

标准是为在一定范围内获得最佳秩序，对活动或其结果规定共同的和重复使用的规则、导则或特性文件。粮油质量标准是对粮油产品分类、质量要求、名词术语、检验方法和包装、储存、运输等所作的技术规定。

粮油标准，是根据农业生产实际水平和人民生活的消费水平，考虑科学发展的先进因素，体现国家经济政策和技术水平，在研究历年粮油质量资料的基础上起草制订，经有关方面充分协商研究后，由主管机构批准、发布。标准一经发布，就是技术法规，任何单位和个人都不得擅自提高或降低标准。

（二）粮油质量标准的分类

1. 按标准的形式分类

粮油标准按形式分类可分为标准文件和实物标准两类。

标准文件是以文字的形式将粮油的分类、各等级粮油的质量指标、有关名词的定义和检验方法等所作的法规性规定。这是标准的主要形式。

实物标准是对那些标准文件规定的、实践上不易把握的内容，按标准文件的规定要求制作而成的实物样本。如大米、小麦粉的加工精度，尽管各等级大米、小麦粉的留皮程度、粉色等有明确的文字规定，但实际工作中往往很难掌握，所以通常又有实物标准的制订、颁发。实物标准是标准的补充形式，同样具有法律效力。

2. 按标准的级别分类

粮油质量标准按其级别的高低可分为国家标准、行业标准、地方标准和企业标准 4 大类。

（1）国家标准　国家标准是指由国家的官方机构或国家政府授权的有关机构批准、发布，在全国范围内统一和适用的标准。我国国家标准由国务院标准化行政主管部门编制计划和组织草拟，并统一审批、编号和发布。

国家标准的代号，用"国标"两个字汉语拼音的第一个字母"G"和"B"表示。强制性国家标准的代号为"GB"，推荐性国家标准的代号为"GB/T"。国家标准的编号由国家标准代号、国家标准分布的顺序号和国家标准发布的年号 3 部分构成。

（2）行业标准　行业标准是指中国全国性的各行业范围内统一的标准。《中华人民共和国标准化法》规定：对没有国家标准而又需要在全国某个行业范围内统一的技术要求，可以制定行业标准。行业标准由国务院有关行政主管部门编制计划，组织草拟，统一审批、编号、发布，并报国务院标准化行政主管部门备案。行业标准是对国家标准的补充，行业标准在相应国家标准实施后自行废止。

行业标准代号由国务院标准化行政主管部门规定，例如，农业、商业等行业标准的代号分别为 NY、SY。行业标准的编号由行业标准代号、标准顺序号及年号组成。

（3）地方标准　地方标准是指在某个省、自治区、直辖市范围内需要统一的标准。对没有国家标准和行业标准而又需在省、自治区、直辖市范围内统一的工农业产品的安全和卫生要求，可以制定地方标准。制定地方标准的项目由省、自治区、直辖市人民政府标准化行政主管部门确定。地方标准由省、自治区、直辖市人民政府标准化行政主管部门编制计划，组织草拟，统一审批、编号、发布，并报国务院标准化行政主管部门和国务院有关行政主管部门备案。地方标准不应与国家标准、行业标准相抵触。在相应的国家标准和行业标准实施后，地方标准自行废止。

地方标准的代号，由汉语拼音字母"DB"加上省、自治区、直辖市行政区划代码前两位数、再加斜线、顺序号和年代号共四部分组成。

（4）企业标准　企业标准是指企业所制定的产品标准和在企业内需要协调、统一的技术要求和管理、工作要求所制定的标准。企业生产的产品在没有相应的国家标准、行业标准和地方标准时，应当制定企业标准，作为组织生产的依据。在有相应的国家标准、行业标准和地方标准时，国家鼓励企业在不违反相应强制性标准的前提下，制定充分反映市场和消费者要求的、严于国家标准、行业标准和地方标准的企业标准，在企业内部使用。

企业标准由企业制定，由企业法人代表或法人代表授权的主管领导批准、发布，由企业法人代表授权的部门统一管理。企业的产品标准，应在发布后 30 天内办理备案。一般按企业隶属关系报当地标准化行政主管部门和有关行政主管部门备案。

（5）团体标准　根据国务院印发的《深化标准化工作改革方案》（国发【2015】13 号）

改革措施中指出，政府主导制定的标准由 6 类整合精简为 4 类，分别是强制性国家标准和推荐性国家标准、推荐性行业标准、推荐性地方标准；市场自主制定的标准分为团体标准和企业标准。政府主导制定的标准侧重于保基本，市场自主制定的标准侧重于提高竞争力。同时建立完善与新型标准体系配套的标准化管理体制。质检总局、国家标准委制定了《关于培育和发展团体标准的指导意见》，明确了团体标准的合法地位。

团体是指具有法人资格，且具备相应专业技术能力、标准化工作能力和组织管理能力的学会、协会、商会、联合会和产业技术联盟等社会团体。在标准制定主体上，鼓励具备相应能力的学会、协会、商会、联合会等社会组织和产业技术联盟协调相关市场主体共同制定满足市场和创新需要的标准，供市场自愿选用，增加标准的有效供给。在标准管理上，对团体标准不设行政许可，由社会组织和产业技术联盟自主制定发布，通过市场竞争优胜劣汰。国务院标准化主管部门会同国务院有关部门制定团体标准发展指导意见和标准化良好行为规范，对团体标准进行必要的规范、引导和监督。在工作推进上，选择市场化程度高、技术创新活跃、产品类标准较多的领域，先行开展团体标准试点工作。支持专利融入团体标准，推动技术进步。

3. 按标准的性质分类

按标准的性质（属性）可以将标准分为强制性标准和推荐性标准两类。

强制性标准是指具有法律属性，在一定范围内通过法律、行政法规等强制手段加以实施的标准。强制性标准的强制作用和法律地位是由国家有关法律赋予的，违反强制性标准就是违法，就要受到法律制裁。

推荐性标准是指生产、交换、使用等方面，通过经济手段调节而自愿采用的一类标准。推荐性标准是非强制性的标准，任何生产单位有权决定是否采用，违反这类标准，不承担经济或法律方面的责任。但是，一经接受采用或各方面商定同意纳入商品、经济合同之中，就成为各方共同遵守的技术依据，具有法律上的约束力，各方必须严格遵照执行。

（三）主要粮食的质量标准

1. 稻谷

早籼稻谷、晚籼稻谷、粳稻谷、籼糯稻谷、粳糯稻谷按出糙率和整精米率分级，质量指标见表 5-1、表 5-2。

表 5-1　　　　　　　　早籼稻谷、晚籼稻谷、籼糯稻谷质量指标

等级	出糙率/%	整精米率/%	杂质/%	水分/%	黄粒米/%	谷外糙米/%	互混率/%	色泽、气味
1	≥79.0	≥50.0						
2	≥77.0	≥47.0						
3	≥75.0	≥44.0	≤1.0	≤13.5	≤1.0	≤2.0	≤5.0	正常
4	≥73.0	≥41.0						
5	≥71.0	≥38.0						
等级外	<71	—						

注："—"为不要求。

表 5-2   粳稻谷、粳糯稻谷质量指标

等级	出糙率 /%	整精米率 /%	杂质 /%	水分 /%	黄粒米 /%	谷外糙米 /%	互混率 /%	色泽气味
1	≥81.0	≥61.0						
2	≥79.0	≥58.0						
3	≥77.0	≥55.0	≤1.0	≤14.5	≤1.0	≤2.0	≤5.0	正常
4	≥75.0	≥52.0						
5	≥73.0	≥49.0						
等级外	<73	—						

注："—"为不要求。

2. 优质稻谷

优质稻谷分为优质籼稻谷、优质粳稻谷两类。

优质籼稻谷依据糙米的长度（表5-3）分为长粒、中粒和短粒3种，即长粒型籼稻、中粒型籼稻和短粒型籼稻。

表 5-3   优质籼稻谷粒型长度指标

类别	长粒	中粒	短粒
长度/mm	>6.5	5.6~6.5	<5.6

优质稻谷的质量指标见表5-4，其中以整精米率、垩白度、食味品质为定级指标。直链淀粉含量为限制指标。

表 5-4   优质稻谷质量指标

类别	等级	整精米率/%			垩白度/%	食味品质分	不完善率/%	水分/%	直链淀粉/%（干基）	异品种率/%	杂质/%	谷外糙米/%	黄粒米/%	色泽气味
		长粒	中粒	短粒										
籼稻谷	1	≥56.0	≥58.0	≥60.0	≤2.0	≥90	≤2.0							
	2	≥50.0	≥52.0	≥54.0	≤5.0	≥80	≤3.0	≤13.5	14.0~24.0					
	3	≥44.0	≥46.0	≥48.0	≤8.0	≥70	≤5.0			3.0	1.0	2.0	1.0	正常
粳稻谷	1		≥67.0		≤2.0	≥90	≤2.0							
	2		≥61.0		≤4.0	≥80	≤3.0	≤14.5	14.0~20.0					
	3		≥55.0		≤6.0	≥70	≤5.0							

3. 小麦

各类小麦质量要求见表5-5。其中容重为定级指标，3为中等。

表 5-5   小麦质量要求

等级	容重/（g/L）	不完善粒/%	杂质/%		水分/%	色泽气味
			总量	其中：矿物质		
1	≥790	≤6.0				
2	≥770					
3	≥750		≤1.0	≤0.5	≤12.5	正常
4	≥730	≤8.0				
5	≥710	≤10.0				
等级外	<710	—				

注："—"为不要求。

4. 优质小麦

（1）强筋小麦　角质率≥70%，加工成的小麦粉筋力强，适合制作面包等食品的小麦称为强筋小麦，其质量要求见表 5-6。

表 5-6   强筋小麦品质指标

	项目		指标	
			一等	二等
籽　粒	容重（g/L）	≥	770	
	水分/%	≤	12.5	
	不完善粒/%	≤	6.0	
	杂质/% 总量	≤	1.0	
	矿物质	≤	0.5	
小麦粉	色泽、气味		正常	
	降落数值/s	≥	300	
	粗蛋白/%（干基）	≥	15.0	14.0
	湿面筋/%（14%水分基）	≥	35.0	32.0
	面团稳定时间/min	≥	10.0	7.0
	烘焙品质评分值	≥	80	

（2）弱筋小麦　粉质率≥70%，加工成的小麦粉筋力弱，适合制作蛋糕和酥性饼干等食品

的小麦称为弱筋小麦，其质量要求见表5-7。

表5-7　　　　　　　　　　　　　弱筋小麦品质指标

	项目		指标
籽　粒	容重/（g/L）	≥	750
	水分/%	≤	12.5
	不完善粒/%	≤	6.0
	杂质/% 总量	≤	1.0
	杂质/% 矿物质	≤	0.5
小麦粉	色泽、气味		正常
	降落数值/s	≥	300
	粗蛋白/%（干基）	≥	11.5
	湿面筋/%（14%水分基）	≥	22.0
	面团稳定时间/min	≥	2.5

5. 玉米

各类玉米质量要求见表5-8。其中容重为定级指标，3等为中等。

表5-8　　　　　　　　　　　　　玉米质量指标

等级	容重/（g/L）	不完善率/%	霉变率/%	杂质/%	水分/%	色泽气味
1	≥720	≤4.0				
2	≥685	≤6.0				
3	≥650	≤8.0	≤2.0	≤1.0	≤14.0	正常
4	≥620	≤10.0				
5	≥590	≤15.0				
等级外	<590	—				

注："—"为不要求。

6. 大豆

各类大豆按完整粒率分为5等，高油大豆按粗脂肪含量分为3等，高蛋白大豆按粗蛋白含量分为3等。见表5-9、表5-10、表5-11。

表5-9　　　　　　　　　　　　大豆质量标准

等级	完整粒率/%	损伤粒率/%		杂质含量/%	水分含量/%	气味、色泽
		合计	其中：热损伤粒			
1	≥95.0	≤1.0	≤0.2			
2	≥90.0	≤2.0	≤0.2			
3	≥85.0	≤3.0	≤0.5	≤1.0	≤13.0	正常
4	≥80.0	≤5.0	≤1.0			
5	≥75.0	≤8.0	≤3.0			

7. 高油大豆

高油大豆是指粗脂肪含量≥20.0%的大豆。

表5-10　　　　　　　　　　　　高油大豆质量指标

等级	粗脂肪含量（干基）/%	完整粒率/%	损伤粒率/%		杂质含量/%	水分含量/%	色泽、气味
			合计	其中：热损伤粒			
1	≥22.0						
2	≥21.0	≥85.0	≤3.0	≤0.5	≤1.0	≤13.0	正常
3	≥20.0						

8. 高蛋白质大豆

高蛋白质大豆是指粗蛋白质含量≥40.0%的大豆。

表5-11　　　　　　　　　　　　高蛋白质大豆质量指标

等级	粗蛋白含量（干基）/%	完整粒率/%	损伤粒率/%		杂质含量/%	水分含量/%	色泽、气味
			合计	其中：热损伤粒			
1	≥44.0						
2	≥42.0	≥90.0	≤2.0	≤0.2	≤1.0	≤13.0	正常
3	≥40.0						

二、粮食储藏质量控制指标

（一）按水分划分储粮等级

在粮食储藏实践中，根据粮食水分与当地储藏环境温度的关系，分为安全粮食、半安全粮食，危险粮食。

（1）安全粮食　是指可在当地安全过夏的粮食。

通常谷类粮食水分含量在13.5%以下，其水分大部分是结合水，此时，粮食籽粒的生命活动很微弱，粮堆内的微生物也不能利用这种结合水进行生长繁殖，这种情况下的粮食不易发热、霉变，即使在高温的情况下也能安全储藏。为能更直观地掌握储粮的安全状况，根据粮食籽粒结构情况并结合本地的环境条件，我国制定的粮食安全水分标准参见表5-1至表5-8：籼稻谷为13.5%，粳稻谷为14.5%，小麦为12.5%，玉米为14%。

（2）半安全粮食　是指只能在气温较低季节短期储存，而不能在当地安全过夏的粮食。

当粮食水分超过安全水分时，粮食籽粒出现游离水，游离水在粮食籽粒间隙中及毛细管中自由进出。当环境温度低，微生物的生命力较弱、不易繁殖，短期储存对粮食不会造成太大的影响；当环境温度升高，粮堆温度也随之升高，这时籽粒中的游离水将被微生物及害虫利用。由于微生物、害虫的繁殖与代谢使粮堆发热，储粮品质会急剧下降，因此这种水分条件下的粮食仅适合在气温较低的季节暂时储存，而不能在高温条件下储存，因此不能安全过夏。

（3）危险粮食　是指极易发热霉变的粮食。

粮食水分、温度是决定粮食是否发热、霉变的两个重要因素，尤其是水分。当粮食水分超过一定的极限，粮堆中的微生物极易进行繁殖活动，同时粮食籽粒的代谢也很旺盛，这时易导致粮堆发热。由于粮堆的温度逐渐升高，再加之水分高，能加速微生物繁殖生长，产生热量，在水分和温度的共同作用下，粮食很快变质、发黄。因而，水分越高，发热、霉变越严重，对粮质的影响就越大。

（4）高水分粮　是指粮食水分超过安全水分标准的粮食。

由于粮食水分超过安全水分标准，粮堆易发热、霉变，给储藏带来不安全因素，因此为确保储粮安全，使储藏的粮食无论在任何季节，尽可能处于安全状态，通常我们在实际工作中，将储藏过程中的半安全水分的粮食，使用机械通风等办法来降低水分，使之达到安全水分，而处于危险水分的粮食，利用翻晒、烘干等方法处理达到安全水分后方可进行储藏。

（二）储存品质指标

粮食籽粒的化学成分很复杂，主要有水分、糖类、脂肪、蛋白质、纤维素、灰分及酶等，不同种类的粮食彼此化学成分不同，化学成分的比例也不同。随着粮食保管时间的延长，籽粒中酶活性在储藏期间会逐渐减弱，因而会出现陈化现象，而水分、温度过高及害虫的危害会加速其陈化速度。因此，粮食储藏过程本身对粮食的品质的控制问题是极其重要的。储藏过程中最基本的也就是防止粮食劣变，而粮食变质的直接反映就是粮食的化学成分的变化。因此，通常我们通过对某些粮食化学成分敏感指标的分析来及时地反映粮食储藏过程中的品质变化，以提供储藏中的粮食是否能继续保管或食用的决策依据。

现行粮油储存品质判定规则中规定：稻谷、玉米储存品质控制指标为色泽气味、脂肪酸值、品尝评分值；小麦储存品质控制指标为色泽气味、面筋吸水量、品尝评分值。其具体控制技术指标详见表5-12、表5-13和表5-14。当粮食判定为重度不宜存时，应立即安排出库。

表5-12　　　　　　　　　　　　　　稻谷储存品质指标

项目	籼稻谷			粳稻谷		
	宜存	轻度不宜存	重度不宜存	宜存	轻度不宜存	重度不宜存
色泽、气味	正常	正常	基本正常	正常	正常	基本正常

续表

项目	籼稻谷			粳稻谷		
	宜存	轻度不宜存	重度不宜存	宜存	轻度不宜存	重度不宜存
脂肪酸值 [（KOH）/干基] /（mg/100g）	≤30.0	≤37.0	>37.0	≤25.0	≤35.0	>35.0
品尝评分值/分	≥70	≥60	<60	≥70	≥60	<60

注：其他类型稻谷归属，由省、自治区、直辖市粮食行政管理部门规定，其中省间贸易的按原产地规定执行。

表 5-13　　　　　　　　　　　小麦储存品质指标

项目	宜存	轻度不宜存	重度不宜存
色泽、气味	正常	正常	基本正常
面筋吸水量/%	≥180	<180	—
品尝评分值/分	≥70	≥60 且 <70	<60

表 5-14　　　　　　　　　　　玉米储存品质指标

项目	宜存	轻度不宜存	重度不宜存
色泽、气味	正常	正常	基本正常
脂肪酸值 [（KOH）/干基] /（mg/100g）	≤65	≤78	>78
品尝评分值/分	≥70	≥60	<60

（三）虫粮等级标准

储粮害虫是储藏物害虫的一部分，凡在储藏期间为害粮食、油料、豆类、食品、饲料及加工成品和副产品的有害动物均称为储粮害虫。储粮害虫种类多、食性杂，为害的方式不同，一般可分为第一食性害虫和第二食性害虫。通常第一食性害虫的危害性更大，能食害完整粮粒，这类害虫大多是虫粮等级标准中的主要害虫。而第二食性害虫只能食被第一食性害虫破损了的粮粒及碎屑粉末。如发现粮堆有害虫的锯食，而杀虫措施又不到位，就会引起粮堆发热，进而导致微生物生长，粮食营养品质的下降，色味变劣、数量减少，其损失是惊人的。因此，粮食在储藏过程中要对害虫进行早发现、早处理。为正确区分害虫对储粮的危险程度，通常，根据粮堆害虫的密度及主要害虫的头数划分虫粮等级标准见表 5-15。

表 5-15　　　　　　　　　　　虫粮等级划分

粮食种类	虫粮等级	害虫密度/（头/kg）	主要害虫密度/（头/kg）
原粮	基本无虫粮	≤5	≤2
	一般虫粮	6~30	3~10
	严重虫粮	>30	>10

续表

粮食种类	虫粮等级	害虫密度/（头/kg）	主要害虫密度/（头/kg）
成品粮	严重虫粮	>0（或粉类成品粮含螨类>30）	
所有粮食和油料	危险虫粮	感染了我国进境植物检疫性储粮害虫活体的粮食和油料	

注：①害虫密度和主要害虫密度两项中有一项达到规定指标即为等级虫粮。

②主要害虫指玉米象、米象、谷蠹、大谷盗、绿豆象、豌豆象、蚕豆象、咖啡豆象、麦蛾和印度谷蛾。

③进境植物检疫性储粮害虫以最新公布的《中华人民共和国进境植物检疫性有害生物名录》为准。

第三节　粮食质量的基础知识

一、粮食形态的鉴别

（一）稻谷的鉴别

1. 分类特征

根据稻谷的粒形、粒质分为籼稻谷、粳稻谷和糯稻谷 3 类。

籼稻谷籽粒呈长椭圆形或细长形，按其粒质和收获季节分为早籼稻谷、晚籼稻谷。早籼稻谷糙米腹白大，硬质粒较少；晚籼稻谷糙米腹白较小，硬质粒较多。

粳稻谷籽粒呈椭圆形。新的国家标准中不再将粳稻谷分为早粳稻谷和晚粳稻谷。粳稻谷与籼稻谷的最大区别在于前者为短圆形，而后者多为细长形。

糯稻谷分为籼糯稻谷和粳糯稻谷。籼糯稻谷籽粒一般呈长椭圆形或细长形，米粒呈乳白色，不透明（也有的呈半透明，俗称阴糯）；粳糯稻谷籽粒一般呈椭圆形，米粒呈乳白色，不透明（也有呈半透明的，俗称阴糯）。

2. 鉴别方法

籼、粳、糯三类稻谷之间的鉴别，通常采用外形特征检验法。

籼型稻谷和粳型稻谷的鉴别，通常通过看其粒形即可判断其归属。显然，籼型稻谷籽粒较长，呈长椭圆形或呈细长形，而粳型稻谷则呈短圆形或呈椭圆形。

对于早稻谷和晚稻谷的鉴别，主要看腹白的大小、有无。可将稻谷经砻谷机脱壳，随机数出糙米（小碎除外）200 粒进行鉴别。早稻谷腹白粒较多，且较大；而晚稻谷腹白粒较少，且腹白小。

糯性稻谷和粳性（非糯性）稻谷的鉴别，主要看其胚乳的透明度。胚乳蜡白色，不透明的为糯性稻谷，而半透明的一般为粳性（非糯性）稻谷。糯稻谷的胚乳有时也会呈半透明状态，对于阴糯的鉴别，通常可用染色法进行，即将糙米去掉米皮后，不加挑选地数出 200 粒（小碎除外），用清水洗后，再用质量分数为 0.1%碘-碘化钾溶液浸泡 1min 左右，然后洗净，此时米粒已被染色：呈红棕色的为糯性米粒，呈蓝色的为粳性（非糯性米粒）。

（二）小麦的鉴别

1. 分类特征

小麦是根据粒色、粒质和播种季节分类。各类小麦的分类方法如下。

（1）白色硬质冬小麦　种皮为白色或黄白色的麦粒不低于90%，角质率不低于70%的冬小麦。

（2）白色硬质春小麦　种皮为白色或黄白色的麦粒不低于90%，角质率不低于70%的春小麦。

（3）白色软质冬小麦　种皮为白色或黄白色的麦粒不低于90%，粉质率不低于70%的冬小麦。

（4）白色软质春小麦　种皮为白色或黄白色的麦粒不低于90%，粉质率不低于70%的春小麦。

（5）红色硬质冬小麦　种皮为深红色或红褐色的麦粒不低于90%，角质率不低于70%的冬小麦。

（6）红色硬质春小麦　种皮为深红色或红褐色的麦粒不低于90%，角质率不低于70%的春小麦。

（7）红色软质冬小麦　种皮为深红色或红褐色的麦粒不低于90%，粉质率不低于70%的冬小麦。

（8）红色软质春小麦　种皮为深红色或红褐色的麦粒不低于90%，粉质率不低于70%的春小麦。

（9）混合小麦　不符合以上8类规定的小麦。

（10）其他类型小麦　分类方法另定。

2. 鉴别方法

（1）粒色鉴定　随机取小麦100粒，感官鉴别小麦粒色，种皮为深红色或红褐色的麦粒达90粒及以上的为红色小麦；种皮为白色或黄白色的麦粒达90粒及以上的为白色小麦；红色、白色麦粒均不足90粒的为混合小麦（即花麦）。

（2）粒质鉴定　分取完善粒试样100粒，先从外观鉴别软、硬质。外观鉴别不清时，可将麦粒中部切断，观察断面。玻璃状透明体者为角质部分，角质部分所占的比例达1/2以上的麦粒称为角质粒，而粉质部分所占的比例达1/2及以上的麦粒称为粉质粒。角质粒占试样总粒数的百分率称为角质率，粉质粒占试样总粒数的百分率称为粉质率。角质率达70%以上的小麦称为硬质小麦，粉质率达70%以上的小麦称为软质小麦。

（三）玉米的鉴别

根据种皮的颜色将玉米分为3类。

（1）黄玉米　种皮为黄色，并包括略带红色的黄色玉米。

（2）白玉米　种皮为白色，并包括略带淡黄色或粉红色的白色玉米。

（3）混合玉米　混入本类以外玉米超过5.0%的玉米。

因为国家标准对玉米的分类方法很简单，因而玉米的鉴别只需用视觉检验法即可较为容易地加以区别。理化检验，通常在检验不完善粒的同时进行检验，只需按以上分类方法拣出异色粒称量，通过计算异色粒质量占试样质量的百分率即可进行分类。

二、采样技术

粮油检验用样品，依据其采集、缩分和用途的不同可分为原始样品、平均样品、试验样品和保留样品四类。原始样品是从一批受检粮油中按规定方法最先取得的样品，其数量一般不少于 2kg，中央储备粮质量检验取样量按其规定；原始样品按规定方法经混合均匀后的样品称为平均样品，平均样品备作品质全面检验用，其数量一般不少于 1kg；试验样品是从平均样品分取或称取的作为某一项目检验用的样品，其数量依检验项目的不同而不同；保留样品是从平均样品中分取的备作复验用的样品，其数量不少于 1kg。

样品的采集，是从一批受检粮油中采集原始样品的过程，又称采样、取样、抽样等，粮食行业通常称为扦样。

1. 扦样器具

（1）扦样器 散装粮扦样器是由两根金属管套制而成，内外两管均切开位置相同的槽口数处，转动内管可使槽口打开与关闭，分为细套管与粗套管扦样器两种。

细套管扦样器：全长 1m，3 个槽，每槽长 15cm，宽 1.5cm，头长 7cm，外径 2.2cm。

粗套管扦样器：长 1~3m，数个槽，每槽长 15~20cm，宽 1.8cm，头长 7cm，外径 2.8cm。

散装扦样器还有电动吸风式扦样器，主要用于深层粮食、油料的扦样。

使用时将扦样器槽口关闭，垂直插入粮堆中，转动手柄使槽口打开，轻轻拍动使粮粒落入槽内，轻轻转动手柄使槽口关闭，取出。

包装粮扦样器是一根具有凹槽的钢管制成，分为大粒粮、中小粒粮和粉状粮扦样器三种。

大粒粮扦样器：全长 70cm，槽口长 45cm，口宽 1.3cm，头为鸭嘴形，最大外径 1.7cm。

中小粒粮扦样器：全长 70cm，槽口长 45cm，口宽 1cm，头尖形，最大外径 1.5cm。

粉状粮扦样器：全长 55cm，槽口长 35cm，口宽 0.6~0.7cm，头尖形，最大外径 1cm。

包装粮扦样器使用时，需将槽口向下，沿包装的对角线方向插入，翻转 180° 后抽出，从中空的手柄中倒出样品。注意不得重复转动，不得回扦。

（2）样品容器 粮食和油料样品容器应具备不吸湿、不散湿、清洁无虫、不漏、不污染等特点。常用的样品容器有样品罐、样品瓶（广口磨口瓶）、牛皮纸袋或布袋等。

（3）样品登记本 为了掌握样品来源的基本情况，扦样时样品必须进行登记。登记项目包括：扦样日期、样品编号、粮油名称、代表数量、产地、生产年限、扦样处所（车、船、仓库、堆垛号码）、包装或散装情况、扦样者姓名等。

2. 扦样方法

对于同种类、同批次、同等级、同货位、同储存条件下的粮食，一般按 200t 扦取 1 份原始样品，混合后以整个货位作为 1 个检验样品，每个检验样品代表数量一般为 2000~3000t。对容易发生问题的部位要单独扦样、单独存放、单独记录、单独检验。

《中央储备粮油质量抽查扦样检验管理办法》（2010 年 12 月 2 日）对中央储备粮油质量抽查的取样办法作了专门的规定。

大型仓房和圆仓均以不超过 2000t 为一个检验单位，分区扦样，每增加 2000t 应增加一个检验单位。扦样点的布置应以扦取的样品能够反映被扦区域粮食质量的整体状况为原则。扦样人员可根据实际情况对扦样点位置进行适当调整。同一检验单位的各扦样点应扦取等量的样品（每个取样点的样品一般不大于 0.5kg，下同）并合并，充分混合均匀后分样，形成检验样品。

小型仓房可在同品种、同等级、同批次、同生产年份、同储存条件下，以代表数量不超过 2000t 为原则，按权重比例从各仓房扦取适量样品合并，充分混合均匀后分样，形成检验样品。

①房式仓 按区、按层、按点，先下后上逐层扦样，除有特殊要求外，各点扦样数量应保

持一致。

分区设点：对于粮面面积较小的仓房，分区设点按照 GB/T 5491—1985 有关规定执行。对于粮面面积较大的仓房，按 200~350m² 面积分区，各区设中心、四角 5 个点，中心点与四角点的扦样质量比为 1：1。在一个检验单位内，区数在两个和两个以上的，两区界线上的两个点为共有点。分区数量较多时，可按仓房走向由南至北、由东至西的顺序分布。粮堆边缘的点设在距边缘约 0.5m 处（如受仓房条件限制，按此距离布点扦样难于实施时，粮堆边缘扦样点的布置距离可适当调整），参见图 5-1。

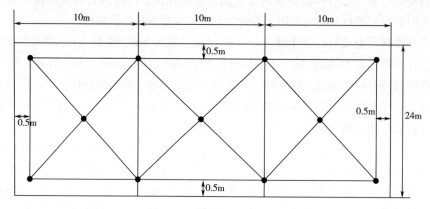

图 5-1　房式仓分区示意图

分层取样：对堆高在 5m（含）以下的平房仓，扦样层数按 GB/T 5491—1985 有关规定执行。对堆高在 5m 以上的平房仓，扦样层数设 5 层，第 1 层距粮面 0.2m 左右，第 2 层为堆高的 3/4 处左右，第 3 层为堆高的 1/2 处左右，第 4 层为堆高的 1/3 处左右，第 5 层距底部 0.2m 左右。以堆高 6m 为宜（图 5-2）。

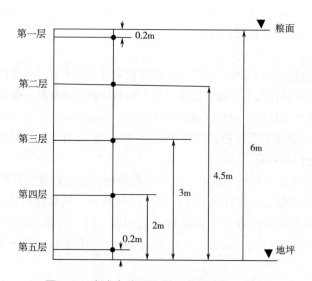

图 5-2　房式仓分层取样示意图（分 5 层）

②圆仓（浅圆仓、砖圆仓、立筒仓）对圆仓粮食的质量检查以扦样器能够达到深度的粮

食数量计，不超过 2000t 的为一个检验单位，每增加 2000t 应增加一个检验单位，一般不超过四个检验单位。

分区设点：圆仓分区布点可按截面分为 8 个外圆点、8 个内圆点和 1 个中心点，其中外圆点、内圆点均设在圆仓截面径向的 4 条等分线上，外圆点距圆仓的内壁 1m 处，内圆点在半径中心处，中心点为圆仓的中心点。内圆点、外圆点扦样质量比为 2∶1。具体布点参见图 5-3。

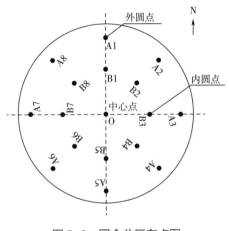

图 5-3　圆仓分区布点图

对不超过 2000t 的圆仓，按 1 个区进行布点取样，取样点为外圆点 A2、A4、A6、A8，内圆点 B1、B5 和中心点共 7 个点。

对超过 2000t 的圆仓，可按 2 区或 4 区进行布点。其中，2 区布点方法为：以南北轴线划分为两个半圆，1 个半圆为 1 个检验单位，分别设外圆点 A1、A2、A3、A4、A5，内圆点 B1、B3、B5，中心点共 9 个点；4 区布点办法为：以南北、东西轴线划分为 4 个 1/4 圆形，1 个 1/4 圆为 1 个检验单位，分别设外圆点 A1、A2、A3，内圆点 B1、B2、B3，中心点共 7 个点。采用 2 区或 4 区布点的，边界上的点和中心点为共用点，共用点取样量应相应加倍，均分给各区。

分层取样：对装粮高度在 5m（含）以下的，按 GB/T 5491—1985 有关规定执行；装粮高度在 5m 以上的，原则上分五层扦样，第一层距粮面 0.2m，其余各层等距离分布；对于装粮较高、现有的扦样设备达不到深度的圆仓，第一层距粮面 0.2m，其余各层以扦样器能达到的深度等距离分布，该样品的代表数量应以扦样器能达到深度的粮食数量为准。扦样时按照先下后上逐层扦样，各点扦样数量应保持一致。

仓储机械设备管理

粮食从入库到出库要经过许多作业环节。为了减轻保防人员的劳动强度，提高工作效率，降低仓储成本，在装卸、烘干、清理、称重、入库、储藏、出库等环节，需要使用仓储机械设备来完成。因此，必须对这些仓储机械设备进行有效管理，以确保安全。

第一节 仓储机械设备的分类

粮食仓储机械设备主要有粮食装卸机械、粮食输送机械、粮食清理机械、粮食烘干机械、粮食称重设备、粮食储藏专用设备、储粮害虫防治专用设备和粮食装具维修整理机具等。

一、粮食装卸机械设备

粮食装卸机械设备通常使用的有：液压翻板、散装卸料火车卸车装置、火车装车机、布粮器。除此之外，还有固定及移动式吊机、机械铲、码垛机等。

二、粮食输送机械设备

粮食输送机械通常使用的有带式输送机、斗式提升机、刮板输送机、螺旋输送机、扒粮机、移动带式输送机、转向带式输送机、移动式打包机、移动式吸粮机等。

三、粮食清理机械设备

粮食清理机械设备在粮库中应用较多的有：初清筛，它是用以分离大而轻的杂质的设备；吸风分离器，是用风力分离各种轻重不同的物质；溜筛，是根据粮食的粒形不同，选择不同的筛孔，分离粮食中杂质的设备；振动筛，是使筛面能做往复运动的筛选设备。

四、粮食称重机械设备

粮食称重设备是用于粮食商品流转过程中检斤计量的各种称重设备。目前，各地仓储企业常用的有：台秤、地中衡、电子汽车衡。台秤多用于小批粮食的收付检斤，由称重装置、计量装置、杠杆装置和安装部件四部分组成，最大称重允许误差为千分之一。地中衡是承重量大、效率较高的一种称重设备，多用于整部汽车等的检斤计量。电子汽车衡是应用传感器和电子元件，通过能量转换和模拟转换，实现自动或半自动计量的先进称重设备。

五、粮食烘干机械设备

粮食烘干设备是一种使粮食温度升高，内部水分汽化而降低粮食水分的设备。如固定床通风干燥机、低温通风干燥仓、高温连续干燥机、低温循环干燥机、转（滚）筒干燥机、流化干燥机等。

粮食烘干设备通常按以下几种方式进行分类：

①根据干燥介质相对于粮食流动方向分为：顺流式、逆流式、顺逆流式、横流式（错流式）和混流式；

②根据粮食的运行状态分为：连续式（通常为大、中型）、分批式（通常为中、小型）；

③根据干燥机内干燥介质的压力状态分为：吸入式、压入式、吸压结合式；

④根据安装形式分为：移动式（通常为小型）、固定式（通常为大、中型）；

⑤根据干燥时粮食所处的状态分为：固定床干燥机、移动床干燥机、疏松床干燥机和流化床干燥机、沸腾床干燥机；

⑥根据干燥速度或干燥温度可分为：低温慢速干燥（即机械通风干燥技术）、高温快速干燥（热风干燥技术）。

（一）横流烘干机

横流粮食烘干机是我国最先引进的一种机型，多为圆柱形筛孔式或方塔形筛孔式结构，目前国内仍有很多厂家生产。

横流粮食烘干机优点为制造工艺简单、安装方便、成本低、生产率高。

其缺点为谷物干燥均匀性差，单位热耗偏高，一机烘干多种谷物受限，烘后部分粮食品质较难达到要求，内外筛孔需经常清理等。但小型的循环式烘干机可以避免上述的一些不足。

（二）混流烘干机

混流烘干机多由三角或五角盒交错（叉）排列组成的塔式结构。国内生产此机型的厂家比横流烘干机的多，与横流烘干机相比它的优点如下。

①热风供给均匀，烘后粮食含水率较均匀；

②单位热耗低 5%～15%；

③相同条件下所需风机动力小，干燥介质单位消耗量也小；

④烘干谷物品种广，既能烘粮，又能烘种；

⑤便于清理，不易混种。

缺点是：

①结构复杂，相同生产率条件下制造成本略高；

②烘干机四个角处的一小部分谷物降水偏慢。

（三）顺流烘干机

顺流烘干机多为漏斗式进气道与角状盒排气道相结合的塔式结构，它不同于混流烘干机由一个主风管供热风，而是由多个（级）热风管供给不同或部分相同的热风。国内生产厂家数量少于混流烘干机厂家。

其优点如下。

①使用热风温度高，一般一级高温段温度可达150~250℃；

②单位热耗低，能保证烘后粮食品质；

③三级顺流以上的烘干机具有降大水分的优势，并能获得较高的生产率；

④连续烘干时一次降水幅度大，一般可达10%~15%；

⑤最适合烘干大水分的粮食作物和种子。

其缺点如下。

①结构比较复杂，制造成本接近或略高于混流烘干机；

②粮层厚度大，所需高压风机功率大，价格高。

（四）顺逆流、混逆流和顺混流烘干机

纯逆流烘干机生产和使用得很少，它多数情况下与其他气流的烘干机配合使用，即用于顺流或混流烘干机的冷却段，形成顺逆流和混逆流烘干机。逆流冷却的优点是使自然冷风能与谷物充分接触，可增加冷却速度，适当降低冷却段高度。顺逆流、混逆流和顺混流烘干机是分别利用了各自的优点，以达到高温快速烘干，提高烘干能力，不增加单位热耗，保证谷物品质和含水率均匀。

干燥机的选用：不同的粮食品种可以选用不同的烘干机。如以水稻为主的产区，可选择顺逆流、混逆流等低温、大缓苏段烘干机。如以小麦为主的粮食产区可选择混流、混逆流型式的烘干机。如以玉米为主的产区，可选择多级顺流高温快速烘干机。不同的粮食有不同的干燥工艺和不同的烘干温度，根据烘干期粮食数量的多少，也可选择不同型式的烘干工艺和烘干机。如粮食品种多，数量少或粮食分散存放，应选用小型分批（循环）式烘干机或小型移动式烘干机。如品种单一、数量大、烘干期短，应选用大型连续式烘干机为宜。

六、粮食储藏技术机械设备

粮食储藏技术专用设备主要有：机械通风设备、谷物制冷设备、充氮或脱氧设备、温湿度检测设备等。

七、粮食熏蒸用的各种器械

熏蒸用的各种器械，如用于喷雾消毒的超低量喷雾器、用于熏蒸杀虫的仓外投药器、环流熏蒸的各种器械、安全防护装备等。

第二节　仓储机械设备的管理

为确保仓储机械设备的使用安全，必须建立仓储机械设备的管理档案；建立健全仓储机械设备有关制度；加强对有关人员的技术培训；制订仓储机械设备操作规程；强化仓储机械设备的维护与保养。

一、建立仓储机械设备的管理档案

根据企业粮食仓储机械设备的情况，分类、逐台建立管理档案。每台仓储机械设备列入企业固定资产，其管理档案内容包括：固定资产卡片、设备编号、合格证、使用说明书、随机附件清单、维修保养记录卡、设备进场验收、安装调试记录等内容。

二、建立健全仓储机械设备有关制度

这些制度包括：安全防护管理制度；仓储机械设备使用管理制度；仓储机械设备检验制度；作业现场检查制度；现场粉尘控制制度；仓储机械管理维护制度等。

三、加强对有关人员的技术培训

通过技术培训，掌握机械设备的性能特点、主要构件和基本工作原理，熟练掌握其正确的操作程序和方法。使仓储机械设备管理人员和操作人员，对仓储机械设备能做到"四懂三会"：懂原理、懂性能、懂构造、懂用途、会操作、会维修保养、会排除故障。

有条件的粮食仓库，应建立一支技术过硬的专业维修队伍，以确保粮食仓储机械的使用安全。

四、制订仓储机械设备操作规程

粮库应根据不同机械的结构、性能、工作原理和工艺流程，逐台或分类制订安全操作规程。规程内容包括以下方面。

（一）操作人员的安全操作要求

（1）机械设备使用前，操作人员必须仔细阅读相关设备的使用说明书等技术文件，熟悉设备的基本结构、工作原理，掌握设备的操作和维护保养要求。

（2）操作人员必须留短发，穿着的服装和鞋帽应便于工作。在多尘区工作时，操作人员应戴口罩和护目镜。

（3）操作人员在使用机械设备时，应注意机械设备上的操作提示，并熟知当出现紧急情况时如何将机器停止工作。

（二）仓储机械设备的使用要求

（1）无论机械设备是固定式还是移动式，必须设接地保护。尤其是移动式机械设备在使用前，切记不能忘记接地保护，以防止漏电造成人员触电等事故发生，并预防因漏电产生的火灾。

（2）移动式机械设备使用前，应放置在水平的地面上，避免产生震动、滑移，影响机械设备的使用性能。

（3）在机械设备的危险部位以及可能伤及人身的部位，都应清晰地标有黄色的警示标志。

（4）机械设备的转动件（如带传动、链传动、齿轮传动、联轴器）等危险部位要设置安全防护罩，并在所有的防护罩盖好后才能启动设备。设备运行中不允许打开防护罩。

（5）经常检查连接件是否松动，输送机、传动带是否损坏。经常查看设备电缆线是否有割伤或损坏痕迹，同时还要查看各连接器和插接头是否有松动和断开的现象。安全限位开关、连锁气缸、速度控制器、电磁阀、防堵开关等，必须处在良好的工作状态。

（6）现场临时使用的电控箱位置、电缆线布置，应符合电气安全操作要求。

（7）定期清理机械设备中的灰尘和杂质，防止粉尘爆炸。但机械设备工作时，不许用手触摸机械设备内部的运动部件。

（8）机械设备周围禁放易燃品。当机械设备工作时，应保持机械设备周围的工作通道畅通、无障碍，以满足操作安全的要求。在发生意外时，便于及时撤离事故现场，避免人身伤害。

（9）作业结束时，有钢丝绳升降机构的机械设备，应使钢丝绳处于松弛状态；有伸缩机构的机械设备应使伸缩机构处于收缩状态。

（10）设备移动　移动前，作业部门应明确采用车辆牵引还是人工推移，落实移动路线，避开高压线、建筑物，对移动路线上的临时用电线进行保护或拆除，将设备重心和高度降至最低点，检查移动轮，收好电缆线，收起支撑脚。严禁移动正在运转的设备。

移动中，必须设专人统一指挥，密切关注设备移动、人员状况和周围环境；严禁设备前方、下方站人；严禁把设备当梯子进行登高作业；严禁人员站立或坐在设备上，严禁以人的重量平衡机械；设备上下坡时，必须采用拖车方式，严防设备失控。

移动中，应保持方向，调头或横向移动应确保周围无电线或其他设施，避免刮碰。

设备停放时，必须放下支撑脚或固定制动装置，防止设备移动倾倒。

（三）机械设备的检修安全要求

（1）必须严格执行设备检修分级审批制度，严禁擅自开展设备检修。

（2）在进行检测或检修时，维修人员需戴安全帽，穿绝缘工作鞋。

（3）应严格按照设备产品说明书检修，严禁机电设备带病运行，在设备进行大修、试调、检查和维修工作前，应首先断开电源，并在电源开关处挂上"正在检修"的告示牌。严禁非作业人员进入检修现场。

（4）机械设备不得带病和超负荷工作。发现不正常情况应停机检查，机械设备的清理或装拆必须在机械设备完全静止状态下进行。不得在运转中修理。

（5）检修作业后，必须认真清点工器具，严禁将工器具、废弃物遗留在设备内或检修现场；传动件（如传动带、传动链条）的防护盖必须复原。

（四）仓储机械设备的维护、保养方式

1. 仓储机械设备的保养

保养多采用"十字作业法"，即清洁、润滑、紧固、调整、防腐。

（1）例行保养　保养人员在接班和作业结束后，或在操作间歇，对使用的机械进行清洁、检查润滑为主的保养作业。

（2）一级保养　以操作人员为主，维修人员为辅进行的保养。在机械设备停机时，以润滑、紧固、调整为主的保养作业。

（3）二级保养　停机时除进行一级保养外，还应对机械的主要部分进行拆洗、校正部件，以防故障。

2. 仓储机械的维修

仓储机械的维修分定期维修和不定期维修两种。

（1）定期维修　在一定的时间间隔内对粮仓机械进行检修，以维持和恢复机械设备的性能，提高开动率。定期维修可分为小修、中修和大修3种。

①小修：对机械设备进行检查、调整，如对部分部件进行拆洗、更换易磨损零部件。小修一般由班组负责，每月进行1~2次。

②中修：对主要部位和局部恢复性的修理。如更换和修复主要零部件和较多的磨损件，检查整个机械系统、紧固所有机件，检修各种通风、密闭、防治装置等。中修由机械设备管理部门组织安排，一般每季进行1次。

③大修：对机械设备进行全面检查、彻底清理，包括大拆洗、大更换。大修由粮库统筹安排，每年进行1次。

（2）不定期维修　发现问题及时进行维修。

第三节　主要仓储机械设备的操作、维护与保养

一、装卸机械

（一）液压翻板

液压翻板是汽车散粮接受系统的关键设备，用于对散粮汽车进行自动卸载（图6-1）。

图6-1　散粮汽车卸载图

1. 操作

（1）开机前应先检查机械、电器、液压设备是否正常，油位是否正常，油温在20~45℃。如果油温低于10℃，在系统启动前应对电机进行点动操作，逐渐延长动作时间，防止液压油太稠加大油泵和电机的负荷。在南方地区和东北地区的设备中一般设备有冷却器或加热器，在温度相差较大时，应启动该装置。

（2）启动供油电机；在汽车到位后启动挡轮器升起；挡轮器到位后发出信号，启动主升降油缸；主升降油缸到位后进行一段时间的延时，降下主升降油缸；平台落下到位后，挡轮器落下。

2. 维护

（1）应经常清扫灰尘，在靠近卸粮坑的两侧支座内不能有坚硬杂物，挡轮器的各个运动部件应定期加油。如下雨地坑进水，应及时排出。

（2）油箱上空气滤清器应关紧，隔一段时间将空气过滤网清洗干净，工作三个月后应清

洗过滤器。

（3）液压油应在工作半年后倒出全部过滤，在油箱清洗干净后装入油箱，工作两年应全部更换。

（二）散粮火车卸车装置

散粮火车卸车装置是将火车装载的散粮卸入接料斗的一套装置。

1. 组成与结构

散粮火车卸车装置（图6-2）主要由卸粮坑、大杂格栅、蔽尘装置、除尘系统组成。

卸粮坑一般设计为钢筋混凝土，根据工艺需要可采用一个或多个车位卸粮。卸粮坑除了应适合底卸型散粮车皮外，还应考虑侧卸的可能性，以提高卸粮坑的通用性。

大杂格栅由型钢和板材焊接而成，用于防止较大的杂物进入卸粮坑。

蔽尘装置可阻止粮食进入卸粮坑时产生的粉尘和杂质进入大气，通过一组除尘系统把接料斗内的含尘空气吸走，经处理后将含尘浓度小于国家标准排放要求的干净空气排入大气中，减少卸车现场的空气污染，改善工人的劳动条件。

图6-2　散粮火车卸车装置

除尘系统采用活页蔽尘装置和下吸式吸风的组合形式，其中活页蔽尘装置具有密闭性好、积料少的特点。

2. 安装、操作和维护

（1）该装置一般由专业厂家和施工队进行安装，安装时维护人员应在现场及时全面了解各机构的结构和性能，以便操作维护和使用。

（2）卸粮工作开始时，应先开启除尘系统，待除尘系统的风机和除尘器状态稳定后再开始卸粮。

（3）根据风机和除尘器的使用说明书定期对风机和除尘器进行检查和维护保养，及时排除故障，以保证其正常工作、延长其使用寿命。

（4）定期检查活页蔽尘装置是否被杂物卡住、转动是否灵活。如果活页已经损坏，立即予以更换，以避免影响蔽尘和除尘效果。

（5）定期清理大杂格栅上的杂物，以防止杂物堵塞，影响粮食下流。

（6）散粮火车卸车装置在设计时一般不考虑机动车辆在上面通行，所以不允许机动车辆在卸粮坑上方通过。

二、输送机械

（一）带式输送机

带式输送机（图6-3）是粮食仓库中使用最广泛的连续输送机械之一。

1. 组成

不论何种带式输送机，它们主要都是由以下部件构成：驱动装置、输送带、输送带支撑装置、张紧装置、机架、进料装置、卸料装置和清扫装置。

图 6-3 带式输送机

2. 日常操作与维护

为了方便操作人员的通行与维护，固定的带式输送机一侧应有不小于 0.7m 宽的通道，另一侧应有 0.2m 宽的维修空间。架空廊道应有安全护栏。

（1）带式输送机要求空载启动，以降低启动阻力。

（2）输送机工作时，所有托辊应转动。发现有不动的托辊，应及时维修更换。

（3）普通橡胶输送带应避免与油脂或有机溶剂等接触，以免产生变形，影响正常使用，胶带应经常检查，发现破损，及时修补。

（4）输送机进料应均匀且与输送带对中，防止偏载。

（5）输送机应在停止进料且机上物料卸完后再停机。多机联动时，卸料终端的输送机先启动，然后依次向前启动各台输送机。停机时，从进料端开始，先停止进料，再停首台输送机，然后依次向后停止各台输送机。

（二）刮板输送机

用刮板链牵引，在槽内运送散料的输送机称为刮板输送机（图 6-4）。

1. 组成

刮板输送机由机头、机尾、基槽刮板链条、驱动装置、清扫装置、保护装置等组成。

2. 操作与维护

（1）开机 刮板输送机应在加料前先开机，待空车运转正常后再加料。

（2）关机 刮板输送机应待基槽内物料输送完后再关机。

（3）负载运行 应检查机头、机尾和中间段运转情况。如发现问题，应及时处理。如发现"刮、卡、碰"现象和异常响声，应及时停车检查；运转过程中如有物料或粉尘泄露，应调整或更换密封圈；正常运行时严禁打开盖板。

图 6-4 刮板输送机

（4）应按规定定期检查各种紧固件和易损件，松动和损坏的应及时紧固或更换。

（5）定期检查刮板链条的磨损情况，如磨损严重，应及时更换。

（三）螺旋输送机

螺旋输送机俗称绞龙（图6-5）。

1. 组成

螺旋输送机主要由以下部件构成：驱动装置、螺旋叶片、螺旋轴、机壳和轴承。

2. 日常操作与维护

（1）螺旋输送机要求空载启动。

（2）螺旋输送机启动后，应检查有无异常噪声和振动。

（3）螺旋输送机应在停止进料及机内物料卸完后再停机。

（4）螺旋输送机在使用过程中，一定要注意日常的保养维护。应定时向轴承和齿轮等传动件加润滑油。停用后，应检查螺旋叶片磨损情况，磨损严重时补焊。输送量不可过载，否则物料排不出，引起螺旋轴弯曲和箱体涨坏。

图6-5　螺旋输送机

（四）扒粮机

扒粮机又称扒谷机。根据扒粮机在粮堆中挖去物料的形式，可以分为以下几种：刮板式扒谷机、翼轮式扒粮机等。

1. 刮板式扒粮机

刮板式扒粮机主要由机架、扒粮机构、输送机构、升降机构和除尘系统等组成（图6-6）。

图6-6　刮板式扒粮机

图6-7　翼轮式扒粮机

2. 翼轮式扒粮机

翼轮式扒粮机主要由翼轮扒粮机构、带上输送机、电气控制箱和除尘系统组成（图6-7）。

3. 智能扒谷输送机

图 6-8 为 CPJL-80 型智能扒谷输送机。它是一种智能散装出仓设备。设备采用多传感器融合，无线传输，人工智能等控制技术，具有自动扒谷输送、环境感知、路径规划、自动行走、自动避险功能。

设备配套有自动伸缩与转向皮带输送机，可根据扒谷机与装车输送机之间的位置变化，自动伸缩，自适应位移转向，实现扒谷输送机之间的无缝连接，减少后续设备的移机次数，提高工作效率，降低劳动强度，改善工作环境。

图 6-8　智能扒谷输送机

4. 扒粮机的维修与保养

（1）定期对减速器、轴承等部件进行检修、维护，一般 1~3 个月加一次油，发现损坏应立即更换。

（2）定期对连接刮板的螺栓进行检查，如有松动，应立即拧紧。

（3）在使用过程中应严格安全使用说明书和操作规程进行操作，发现故障立即排除，如果在粮库无法解决，应请生产厂家派专业维修人员进行维修。

（4）该机在工作过程中，应该先开启除尘风机电机，然后再开启输送部分的电机，最后开启扒粮部分的电机。

（五）移动带式输送机

移动式带式输送机主要由机架、驱动装置、滚筒与托辊、张紧装置、升降装置、走轮、输送带组成（图 6-9）。

图 6-9　移动带式输送机

移动带式输送机已广泛用于平房仓的输送作业。该机使用方法较为灵活，可以单台或多台连接使用，对使用地点也没有特殊要求。

（1）移动带式输送机不允许负载启动，在启动 3min 后方能给料，停机前应先停止给料，待余料输送完毕后再关机。

（2）为保证其使用寿命，要注意运动部件定期加润滑油。

（3）使用过程中应保持清洁，定期检查滚筒、托辊、轴承有无磨损现象，螺栓、螺母有无松动现象，一般件有无折断、裂纹和弯曲现象。使用一年后须大修一次，每 3~6 月检查一次，如发现机件损坏应及时更换。

（六）转向皮带输送机

转向输送机主要由输送装置、升降装置、转向装置、行走机构及底盘组成（图6-10）。

图6-10　转向皮带输送机

转向胶带输送机适用于散装粮食的输送，一般与其他粮仓机械配套使用。

（1）本机不可负载启动，在启动 3min 后方能给料，停机前应先停止给料，待余料输送完毕后再关机。

（2）油泵停机超过 4h，应先使油泵空转 5min 后再进行升降作业（液压机型）。

（3）为保证其寿命，要定期对转动零件进行润滑。

（4）使用过程中应保持清洁，定期检查滚筒、托辊、轴承有无磨损现象，螺栓、螺母有无松动现象，一般件有无折断、裂纹和弯曲现象，如发现机件损坏，及时更换。

（5）本机存放过程中，使用地锚支撑，减轻配重，使用支架支撑带式输送机。

（6）使用一年后须大修一次，每 3~6 月检查一次，及时更换已损坏和磨损过度的零件。

（7）如果液压系统发生故障，应通知厂家进行维修，不得擅自拆卸液压系统。

（七）移动式打包机

移动式打包机由电子秤、缝包机、输送机、除尘器、空压机、拖车等组成（图6-11）。

图6-11　移动式打包机

移动式打包机主要用于粮食储备库、中转库、散粮码头和港口的打包作业，所有作业装置均布置在一台移动的拖车上，集上料、称重、缝包、除尘为一体，并可随时改变打包机的位置。

（1）应经常保持控制柜内清洁卫生，并定期用皮风箱（皮老虎）除湿。

（2）应经常保持秤体外表面的清洁卫生，定期用毛刷清除秤表面粉尘。

（3）秤在第一次投入使用半月后，应检查并拧紧面板上电源开关的固定螺母和强电柜内电器元件、接线端子、电机、电磁阀接线柱上的压线螺栓、螺母，以及每年大修时应再检查一次。

（4）秤在第一次投入使用半月后，应对所有运动机构上的连接螺栓、螺母检查并拧紧，以后每年大修时应再检查一次。

（5）减速电机应每年更换一次润滑脂，更换时应注意润滑脂内不得混入杂质杂物。

（6）进料器上两只外球面轴承每使用两个月后应加注"甲基润滑油"。

（7）气动三联件应保持表面清洁无污垢，内部各通道畅通。

（八）移动式吸粮机

移动式吸粮机主要由接料器和供料器、输送管道及管件、卸料器、闭风器、除尘器、风机、消声器、移动小车等几个主要部分组成（图6-12）。

移动式吸粮机根据风机位置的不同可分为压送式、吸送式、混合式三种。压送式的卸料可以达到一定的输送距离和高度，但喂料器距地面有一定距离，只能从正上方的料斗喂料，因此必须利用其他类型的输送机向料斗中进料或者从汽车上人工倒料。根据以上特点，压送式移动式吸粮机适合于进仓作业，特别是在高大平房仓入粮达到一定高度时向仓内补料。吸送式的特点是喂料灵活，吸嘴与卸料器之间设有软连接，可以从地面上直接吸料。但是卸料器安装在移动小车上，卸料高度受到限制。这种装置适用于出仓作业。混合式有压送式和吸送式的共同特点——实用。缺点是制造成本较高。

图6-12　移动式吸粮机

（1）在使用罗茨鼓风机的移动吸粮机中，风量随压力变化的数值不大，因此严禁在管道中设置闸门来调节风量。

（2）在使用罗茨鼓风机的移动吸粮机中，风机电机的轴功率随静压力的增加而增大。因此，设备在开机时必须打开进空气管道上的所有闸阀门，完全空载启动，启动后逐渐增压，防止启动时负载过高造成爆裂。对于使用透平式离心风机的移动吸粮机，也要注意空载启动。

（3）每次结束作业时，首先要停止喂料，待系统管道、卸料器中粮食完全清空后方可关闭电源。

（4）为了防止卸料器中有部分粮粒回到管道并被吸入风机内部，造成输送过程中粮食的破碎率提高和影响风机正常工作，吸送式和混合式吸粮机中卸料器和风机之间的位置应加装除尘器，确保从卸料器溢出的粮粒能够安全分离出来。

（5）罗茨鼓风机对空气的净化度要求很高。在使用罗茨鼓风机的吸送式和混合式的移动吸粮机中，风机入口前的位置必须使用高效除尘器，防止灰尘进入风机内部。每次作业结束后要对除尘器进行彻底清理，防止灰尘积聚。

（6）移动式吸粮机的管道和卸料器等部件由于经常受到物料的撞击和摩擦，制作时这些部位应尽量选取耐磨材料或者在内壁垫衬耐磨层。

三、清理机械

初清筛就是指初步清理粮食中大型杂质（如清理草秆、砖石、泥块、木棒、纸屑及玉米芯等）的设备，广泛用于粮食仓库、粮食加工厂、饲料厂以及农场等企业。目前国内广泛应用的初清筛有圆筒式、振动式等。

（一）圆筒初清筛

1. 组成

圆筒筛主要由筛筒、机体、清理刷和传动机构等组成（图6-13）。

图6-13　圆筒初清筛

2. 操作、维修和保养

（1）开机前应做常规检查，检查传动装置、安全防护装置、紧固件、进出料段闸门等。

（2）开车后先检查筛筒运转方向与标记方向是否一样，空转1~2min，然后进料，使设备进入重车运转。

（3）开车后控制流量在适当范围，保证除杂效果。

（4）运行中通过观察窗注意筛筒运转情况，如发现异常停车查原因。

（5）清理刷磨损后，应及时更换。

（6）定期更换润滑油。

（二）振动筛

1. 组成

振动筛由筛体、进料机构、振动电机、机架等组成（图6-14）。

图6-14　振动筛

2. 操作、维修和保养

（1）启动前检查筛格的安装情况及清理球的放置；

检查振动电机的旋转方向，两振动电机必须相同旋转，且同步运行；检查喂料系统是否正常。

（2）空载启动，检查行程盘上的指示振幅；观察橡胶弹簧支承，检查有无脱出、松动现象；在开机 10~15min 后，检查并用扭矩扳手拧紧部分的螺栓，检查所有螺栓连接，保证没有松动现象。

（3）负载运转，检查进料系统物料的均匀性。

（4）两端振动电机两端轴承需润滑，应细心维护。

（5）筛面应根据使用情况及时清理，需经常检查筛面，将有缺陷或损坏的筛面更换，以保障筛理效果；检查清理球的磨损情况，及时更换失效的清理球。

（6）定期检查螺栓及手柄等紧固件，保证处于紧固状态。

（7）发现橡胶件破裂及过分挤压时，应及时更换。

（三）组合式粮食清理筛

组合式粮食清理筛主要由筛体、输送机、除尘系统及万向轮式转向机构等组成（图 6-15）。

结构特点：独特的均料结构；大筛面；双旋风分离器、密闭关风沉降系统；吹吸结合的垂直风道；循环风选技术。

图 6-15　组合式粮食清理筛

四、称重设备

电子汽车衡俗称地磅，是用于大宗货物计量的主要称重设备（图 6-16）。

图 6-16　电子汽车衡

（一）操作

（1）衡器安装后，必须经当地计量部门或国家授权的计量部门检定合格后，方可投入使用。

（2）使用前，首先应检查秤体是否灵活，各配套部件的性能是否良好。

（3）仪表开机后，待显示稳定后方可使用。

（4）车辆驶入秤台时（或放置重物尽量轻拿轻放）车速应小于5km/h，然后缓缓刹车，车停稳后计量。

（5）尽可能停留在秤台的中心位置。

（6）仪表读数必须在"稳定"指示灯点亮时读取正确的重量的数值。

（二）维护保养

（1）为保证系统计量准确，免受风雨侵蚀，有利于操作作用，要求设置工棚和计量秤房。

（2）秤台和引坡的交界处应有10~15mm间隙，不得发生碰撞和摩擦。

（3）被计量的载货车重不应超过系统的额定称量值。

（4）为保证衡器的正常计量，应定期对其进行检定。

（5）秤台下部不得卡有异物。

（6）司秤操作人员必须通过培训才能进行操作，修理人员在未掌握必要的知识前，不得随意拆卸任何部件，以免影响计量精度或使系统损坏。

（7）仪表的使用操作者，必须对仪表的说明书进行详细消化吸收，掌握基本原理，熟悉仪表维护方法之后才能正式操作使用。

（8）系统加电前必须检查电源和接地装置是否可靠，下班停机必须拔下仪表电源插头，切断电源。

五、粮食烘干机械设备

（一）粮食烘干机对操作人员的要求

操作人员须经烘干机生产企业、经销商等培训后方可上岗操作。

烘干系统操作人员及维修人员应保持相对稳定。对烘干机系统，应建立和健全安全生产责任制，定期进行安全大检查。

烘干机操作人员严禁酒后上岗，违章作业，上岗时禁止打闹、串岗、脱岗和进行与烘干作业无关的活动。严禁过度疲劳者参加作业。

（二）粮食烘干机的操作

（1）烘干机系统安装结束后，应调试合格才能进行生产操作。

（2）启动烘干机前，须确认各运转设备、转动部件附件处无闲杂人员。

（3）开、关机原则为根据粮食流动方向，从后至前依次开启设备。关机则相反。

（4）进机谷物水分应在30%以下为宜，装粮过程中，烘干机出现满粮报警后，应立即停止进粮，防止进粮过多造成机器故障；烘干小麦或水分超过30%的水稻时，装载量切勿超过烘干机额定装载量的80%~90%，否则易发生堵塞，严重者有崩仓毁机的危险。严禁水分>35%、流动性不好的粮食进入烘干机作业。

（5）进粮时要特别注意粮食清洁，原粮含杂率<1%；如原粮含杂率较高，在进机前必须进行筛选；切勿混入扎绳、铁丝、长草、石子等异物，防止机器在运转过程中出现堵塞或卡死等异常故障。

（6）烘干机运行期间，严禁打开燃烧器箱、吸气盖板等，严禁给油箱加油，避免发生烧伤等其他事故。烘干机作业时，非操作人员切勿靠近，操作人员身体任何部位及衣物等异物不得放在或靠近搅龙、皮带、提升机喂入口等运转部件及其附近，以免发生意外事故。

（7）烘干机作业时检查口、粮仓门等均不得随意打开，以防跑粮。

（8）必须保持粮食在烘干机内均匀流动，防止堵塞，避免粮食在高温下长时间停滞而起火燃烧。发生粮温过高或有起火危险时，应立即切断全部电源，同时关闭热风炉燃烧器。

（9）燃烧炉内部、风道内部、进气罩内网及炉箱盖上不得有积存的易燃污垢。要始终保持燃烧炉周边清洁，不得堆放易燃物品。烘干现场应配备灭火器、灭火沙等消防设备或工具。

（三）粮食烘干机使用的注意事项

（1）检查、操作、维护烘干机前必须仔细阅读《烘干机使用说明书》，熟悉有关安全方面的警告事项和安全知识，掌握基本使用方法，严格按照烘干机的操作程序使用，定期检查、调整、保养，发现问题及时处理。

（2）设备的所用运转部分应设置防护罩，并有警示或提示标志。

（3）烘干机发生故障时，必须停电检修，非专业人员不得随意拆卸，严禁进仓检查。登高检修时，应身系安全带、头戴安全帽、脚穿防滑鞋。

（4）烘干机作业时，须安排具备操作知识人员 24h 值守，防止发生故障或意外。

（5）粮食入烘前仓前应进行清理，烘前仓入粮应与烘干作业同步，随进随烘。禁止烘前仓进完粮后再烘干，以防烘前仓结拱；烘干作业期间，严禁人员进入烘前仓和烘后仓。

（6）系统运行时，电气系统应设有专人负责管理，严格执行电气安全操作规程。停机时，要切断电源。

（7）出机温度不符合表 6-1 要求的粮食，不允许进仓储藏。

表 6-1 出机粮温

环境温度/℃	≤0	>0
出机粮温/℃	≤8	≤环境温度+8

（四）粮食烘干机的保养

为了保证烘干机的工作效率，延长烘干机的使用寿命，机器在使用 100h 左右要进行一次保养，全面检查调整提升机皮带，三角皮带的松紧度，清洗燃烧器过滤器，清理上下绞龙及机器内部的杂物。检查各转动部件及有关部位的紧固件有无松动现象。把各部位调整、紧固到正常状态。其中最重要的是通过油窗检查油量的剩余情况，油量不足时，应立即对其加机油。一般情况下，传动轴承一天加一次机油，电机、减速轴承和支托轴承每半年加一次机油即可。

（五）稻谷干燥的有关要求

1. 基本要求

（1）原粮稻谷水分含量为 16%~25%，不同水分含量稻谷应分别储存，分别进行干燥，同一批的稻谷不均匀度≤2%。

（2）干燥机应符合 GB/T 16714—2007《连续式粮食干燥机》或 JB/T 10268—2011《批式循环谷物干燥机》规定。配套设备应符合 LS/T 3501.1—1993《粮油加工机械通用技术条件 基本技术要求》规定。

（3）干燥机及配套设备（提升机、输送机、烘前仓、缓苏仓、烘后仓等）经调试运行，应能正常投入使用。

2. 干燥技术要求

（1）干燥条件　稻谷允许受热温度，一次降水幅度及干燥速率见表6-2。

表6-2　　　　　　　　　　　　干燥条件

项目	限定值
允许受热温度/℃	≤40
一次性降水幅度/%	≤3
干燥速率/（%/h）	≤0.8

（2）干燥工艺　稻谷一般干燥工艺：预热→干燥→缓苏→冷却。

批式循环干燥机干燥工艺：采用一般干燥工艺，干燥→缓苏应多次循环，可降到安全水分或规定水分。

顺流干燥机干燥工艺：稻谷平均每级降水幅度≤1.0%，应采用一般干燥工艺；稻谷平均每级降水幅度>1.0%，应采用二次或多次干燥。

平均每级降水幅度等于稻谷降水幅度除以顺流干燥机级数。

横流干燥机、混流干燥机干燥工艺：稻谷降水幅度≤3%，应采用干燥→冷却工艺；稻谷降水幅度>3%，应采用二次或多次干燥工艺，机外缓苏，最后一次干燥结束进行冷却。

环境温度≤0℃，批式循环干燥机第一次循环干燥宜采用20~25℃热风温度进行预热。可预热的连续式干燥机宜采用20~25℃热风预热0.5h。

（3）干燥工艺参数　干燥稻谷热风温度推荐值见表6-3，冷却风温和出机粮温见表6-4。

表6-3　　　　　　　　　　　　热风温度推荐值

机型	热风温度/℃
批式循环干燥机	45~50
顺流干燥机	65~75
横流干燥机	40~50
混流干燥机	45~55

注：环境温度≤10℃，稻谷水分>20%，宜使用下限温度。

表6-4　　　　　　　　　　　　冷却风温和出机粮温

项目	环境温度/℃	
	>0	≤0
冷却风温	环境空气温度	环境空气温度
出机粮温/℃	≤环境温度+5	≤8

注：环境温度≤0℃，宜在缓苏仓或烘后仓内储存24h，再冷却。

第七章   CHAPTER

粮食包装物、仓储器材管理

7

第一节　粮食包装物管理

粮食包装物又称粮食装具，是用于粮食保管和调运的专用工具。主要有标准和非标准规格的麻袋、面粉袋、铁桶等。

一、粮食包装物分类

粮食包装物按质量等级和规格划分，通常包括标准装具、非标准装具，新装具和旧装具。

标准装具指凡能装稻谷 70kg 或大米 90kg 的麻袋，称为标准麻袋；凡容量 200L 的铁桶，统称为标准铁桶；凡规格为 86cm×45.5cm，能装小麦粉 25kg 的面袋，统称为标准面袋。凡不属以上标准的麻袋、铁桶、面袋，均称为非标准装具。新装具（新袋、新桶），是指凡未经使用或第一次装运粮食的新麻袋、新铁桶、新面袋，途中未经串包倒装，不论是否通过中转结算，均称为新的装具。旧装具（旧袋、旧桶），是指凡新袋、新桶使用一次以后，不论修补或未修补，不论修焊或未修焊过，均称为旧的装具。

二、粮食包装物使用和管理

（一）粮食包装物的使用

《粮食调运管理规则》规定，无论购置、制作、使用麻（面）袋、钢桶，都必须符合国家标准，符合《中华人民共和国食品安全法》规定。随粮食、油料接收的麻（面）袋接收单位可以留作自用，可以与发运单位协商回空，也可以按质论价自选出卖。

（二）粮食包装物的管理

一般粮库对粮食包装物的管理，由仓储器材管理人员统一负责。对随粮包装物、库存包装包，要建立实物台账，确保账实相符。包装物数量多、管理任务大的单位，要专人专库集中管理。要建立健全责任制度，如实物账卡制、出入库验质制度、维修保养、定期盘点以及交接岗位责任制等。要做好包装物的修补工作，提高修补技术，保证修补质量。要按规定的程序进行包装物的报废。报废的包装物，应首先作修补材料，缝制麻袋片等，充分加以利用。

包装物在装粮前必须进行检查、清理，严禁装过农药、化肥等有毒有害物的装具用来装运粮食。

第二节　仓储器材管理

仓储器材，是指粮食在收发和保管过程中所需用的一些器材和用品。它的种类较多，使用频繁，如果管理不当，不但要影响粮食收发、保管任务的完成，而且会造成很大的浪费。因此，必须加强器材管理工作。

一、仓储器材分类

仓储器材按用途，可分为保管器材、消防器材、防治器材、化验器材、劳保用品、基建维修器材物料等。保管器材是指粮食在入仓保管过程中需用的一些器材，如测温杆、测温线、探管、温湿度计、苫布、垫木、芦席、台秤等。消防器材是指粮食仓库安全防火工作中需用的一些器材，如水龙、消防栓、灭火器等。防治和化验器材是指粮食商品的害虫防治和品质检化验等工作中需用的器材和仪器，如防毒面具、熏蒸帐幕、杀虫药剂、电烘箱、显微镜等。劳保用品是指在粮食仓储工作需用的工作服、棉大衣、雨衣等。基建维修器材物料是指维修仓房、器材、机械等需用的各种工具和材料，如钢材、木材、水泥等。

仓储器材按财务性质分类，可分为低值易耗品、固定资产、物料用品。

二、仓储器材管理

粮库应根据器材多少，设置专门的器材管理组织或人员，负责全库的器材采购、保管、配发、报废等工作。

（1）购置器材，应根据需要，本着节约精神，事先编写计划。采购器材，要尽可能因地制宜、就地取材，同时注意规格质量。认真验收入库，及时向财务部门报销。

（2）仓储器材在日常管理时，要求设置专门的器材仓库或器材保管室。对席、苫等大宗保管用品，做到品种规格分开，新品与旧品分开，使用与储备分开；堆放时做好五五摆放，做到五五成行、五五成方、五五成串、五五成包、五五成层，使之整齐美观，过目知数。经常使用的物品进行分散保管，如消防器材由消防安全人员负责保管，检验药品和仪器放在化验室，防毒面具由熏蒸人员各自负责保管，分仓保管员经常用的器材应放在保管责任区等。注意保养和维修，特别是那些易腐朽变质、长期存放易粘连硬化及易燃烧、中毒等特点的物品，更要加强保管和养护，尽量延长使用寿命，减少报废。健全检查制度，定期和不定期检查相结合，尽可能改善储存条件。及时进行清仓盘点，保证账账、账卡、账物、上下、内外相符。

（3）加强仓储器材的配用、领用和借用制度，对各种器材按规定做好报废处理。对于一般业务部门经常需用的器材，可根据需要，按照合理的配备定额，配发相关部门使用保管。加强定额管理，实行限额领用制，即按照规定的使用定额和消耗定额，在仓储作业中实行限额领发器材。借用器材主要是指一些共同需用的器材和工具，这些器材可以随用随借，用后归还。已经报废的器材，要及时处理，充分发挥废品的作用，不能随地丢散。

第八章

CHAPTER

8

各种粮油储藏技术的安全管理

第一节　储粮机械通风的操作与管理

储粮工作中，无论储粮发生什么问题，都用储粮机械通风加以解决，而在效果上可能会适得其反。比如，储粮因虫害局部发热时，采用机械通风降温，虽可以暂时抑制储粮发热，但势必导致虫害在粮堆中大量扩散，进而引发更为严重的虫害与发热；又如，在严寒季节进行储粮机械通风降水，此时即使大气的湿度很低，但降水效果不会十分显著，这是因为粮食和大气的焓值都比较低，水分的蒸发微弱，干燥速度难以提高。事实证明，要确保储粮安全，必须"对症下药"。

一是通风时的大气条件应能满足通风目的的需要。通风目的不同，对通风条件要求也不同。如降水通风要求大气湿度较低，而调质通风则要求大气湿度较高，二者的通风条件正好相反。一种特定的大气条件参数不可能同时满足所有通风目的的要求，因此必须根据通风的目的来选择不同的通风条件。

二是确定的通风条件要保证通风效率与通风时机。通风条件制定严格，可以保证取得较好的通风效果，但有可能丧失通风时机。众所周知，对降温通风来说，气温与粮温的温差越大，通风的冷却效果越好，即通风的效率越高。但在南方若要求的温差太大，会使得自然气候中满足这种温差条件的机会大大减少，甚至丧失通风的机会。因此，确定合理的通风温差、湿差，就必须兼顾通风效率和通风机会的两个方面。

三是所确定的通风条件不能带来不利影响。现在对储粮机械通风操作提出更高的要求，要避免通风条件选择不合理给储粮带来不利的影响。在安全粮降温通风时要达到保水通风的目的，要求粮食水分既不应增加，也不能失水太多；在降水通风或调质通风时，粮食的温度不应超过安全保管的临界温度等。这就要求通风大气条件中的温度、湿度条件组合要恰当、合理。

此外，通风中必须确保储粮的安全。通风条件选择不当，会给储粮带来储藏隐患或造成储粮损失，要严格防止在通风过程中粮堆出现结露、水分转移或水分分层等危及储粮安全的现象发生。

所以说，储粮机械通风过程中，选择大气的通风操作条件以及储粮机械通风过程中的管理显得十分重要。

一、储粮机械通风的操作条件

根据不同的通风目的，确定是否可以通风的各种条件组合称为"操作条件"。

原国家粮食局 2002 年发布的 LS/T 1202—2002《储粮机械通风技术规程》规定了储粮机械通风作业时必须具备如下操作条件。

（一）降温通风的条件

粮食水分高于当地储粮安全水分进行降温通风时，应符合下列规定。

1. 允许通风降温的条件

（1）温度条件　开始通风时，仓外大气温度与粮堆平均温度之差≥8℃（亚热带地区 6℃）。

通风进行时，仓外大气温度与粮堆平均温度之差>4℃（亚热带地区 3℃）。

（2）湿度条件　当粮食水分不高于当地储粮安全水分时，可以不考虑湿度条件。

即时粮温下的平衡绝对湿度（水蒸气分压，单位为 Pa）≥即时大气绝对湿度（水蒸气分压，单位为 Pa）。

或粮堆的平衡相对湿度（%）≥粮堆温度下空气相对湿度（%）。

2. 结束降温通风的条件

（1）粮堆平均温度与仓外大气温度之差≤4℃（亚热带地区 3℃）。

（2）粮堆温度梯度≤1℃/m 粮层厚度。粮堆上层与下层温差：房式仓≤3℃，浅圆仓≤10℃。

（3）粮堆水分梯度≤0.3%/m 粮仓厚度。粮堆上层与下层水分差≤1.5%。

（二）降水通风的条件

降水通风时粮食水分不应超过以下值：早稻谷 16%（亚热带地区 15%）；晚稻谷 18%；玉米 20%（亚热带地区 16%）；小麦 16%；大豆 18%；油菜籽 10%。

机械通风以降水为主要目的时，粮堆高度不宜大于 3m。

1. 允许降水通风的条件

（1）温度条件　粮堆平均温度（℃）>大气露点温度（℃）。

（2）湿度条件　按粮食水分减一个百分点的水分值和即时大气温度值所查得的平衡绝对湿度（kg/cm³）>即时大气绝对湿度（kg/cm³）。

（上述减一个百分点的原因：在通风中往往表现为干燥过程尚在进行，冷却过程已经结束。因此，为了避免出现因为粮温变化而发生通风效果逆转现象，直接将粮温等于气温作为查定粮食平衡绝对湿度的条件。另外，将粮食水分减一个百分点，是为了进一步增加通风的湿差，以提高通风效率。）

2. 结束降水通风的条件

（1）底层压入式通风时，干燥区前沿移出粮面；底层吸出式通风时，干燥区前沿移出粮堆底面。

（2）粮堆水分梯度≤0.5%/m 粮层厚度。

（3）粮堆温度梯度≤1℃/m 粮层厚度。

（三）调质通风的条件

值得指出的是，调质是增加粮食水分的通风作业，稍有不慎很可能会造成粮食发霉。因此，调质是一项危险性极大的通风作业，故本书不支持推广该技术。

进行机械通风操作受到的条件因素很多，通风条件的选择直接影响到通风效果。为了更加合理的机械通风提高通风效率，建议采用智能通风管理系统进行操作。

二、粮食入仓前后的操作管理

（一）粮食入仓前的检查

除单管和多管等移动式通风系统是在粮食入仓以后应用外，其他通风系统的风道都必须在粮食入仓前就安放好的。因此，在入粮前需要对风道进行最后的全面检查。否则，一旦入粮以后发现问题就很难补救。检查的项目有：

（1）风道是否畅通，是否有积水或异物。

（2）通风管道衔接部位合缝要牢固，装粮后风网内不得漏入粮食，尤其是吸出式通风系统，要严格检查风道是否漏粮，以免堵塞通风道。

（3）通风机和防护网固定是否牢固，风机与通风口应使用软连接，连接处要牢固、密封；负压通风时的软连接管必须内衬支撑，以防连接管被吸瘪；进行冷却通风作业时的仓外连接管道部分要采取隔热保温措施；采用移动式风机作业时，风机应放置平稳并进行有效固定。采用吸出式通风的风机出风口必须避开人行通道和易损建筑、物品。

（4）平房仓粮面上的轴流风机转向要统一，不能一个正转、一个反转。

（二）粮食入仓中的注意事项

（1）粮食入仓过程中要随时检查风道的完好情况，注意不要损坏风道，如果发生损坏，要立即停止入粮，进行修复。

（2）采用机械输送入仓的，要采取减少自动分级的措施，经常变换入粮点位置，或采用散粮器，以减轻入仓时粮食的自动分级。这对保证通风均匀是十分重要的。

（三）入仓后的注意事项

入粮后要平整粮面，以确保粮堆各处的通风阻力相近，气流分布均匀。入仓粮堆厚度要符合风道设计要求，过厚影响通风效果，过薄会改变通风途径比，严重时将造成通风不均匀。

三、粮堆通风前后的操作管理

（一）对操作人员的要求

机械通风的操作管理人员必须具有一定的机电设备使用、维修和储粮机械通风专业知识，经培训考核合格后方可上岗，并应保持相对稳定。

（二）通风前的操作管理

1. 通风方式的选定

选择通风方式应以安全、经济、有效为原则，综合考虑通风设备性能、气流流动方向和粮堆状态以及粮仓、粮情的实际情况，科学地确定通风方式。

（1）根据气流流向不同的效果，选择通风方式　通风方式分为压入式、吸出式、混合式和环流式通风四种，各地可根据需求选用。

压入式通风适用于储粮就仓干燥，由于风机对送入空气有加热降湿作用。

吸出式送风适用于未装满的粮仓，可以采用揭膜通风的方式，进行局部通风。

混合式送风适用于粮层较厚的筒仓通风，采用仓底风机压入式、仓顶风机吸出式的混合通风；或者双向通风用于缩小降水通风中粮堆上下层的水分差。

环流式通风适用于环流熏蒸、环流均温等作业。

（2）根据气温、仓温、粮温条件，选择通风方式　在气温较低、通风时间充裕的情况下，降温通风宜采取轴流风机负压吸风，气流由粮堆底部向上运动逸出粮面的通风方式；在需要快速降温的情况下，宜采用大风量通风设备进行正压通风降温。

当仓温明显高于粮堆温度时，应采用膜下环流均温方式。均温通风是指将粮堆内冷源输送到高温部位，使整个粮堆温度基本达到平均状态的通风方式；但均温通风会影响"冷心"部位的低温状态，使粮堆平均温度有所升高，使用时应慎重。

2. 通风前的注意事项

（1）对于首次使用的通风系统，应对风网送风均匀性和风机工作状态进行测定，以便了解与掌握通风系统的性能。

（2）在通风前要根据通风方式的要求打开或关闭仓房门窗，为通风时内外空气交换提供通道。出风口面积要与通风量相匹配，使废热湿气能及时通畅排至仓外，防止在仓内形成结露，同时也要防止通风开始后仓内外空气压力差对仓体建筑造成损坏或防止气流（不经过粮堆）短路。

排积热通风宜采用轴流风机与风机最远处的仓窗对开的方式，避免气流在仓内造成通风短路，使气流在仓内外充分交换。

（3）通风前要检查设备电机是否正常，接地线是否可靠，风机电源接线和控制电路接线是否正确，检查通风机叶轮旋转方向正确。

（4）对功率在5.5kW以上的通风机，要求装备自动空气开关或者其他具有自动断电保护功能的控制器，而且要求启动器与电动机装在一起。由于通风机的启动电流为正常运转电流的3~6倍，对具有多台通风机的通风系统，各通风机的启动器之间可增设延时装置以错开启动时间，逐台单独启动，或由人工控制分别启动，待一台风机运转正常后再启动另一台设备，严禁几台风机同时启动，避免过大的启动电流冲击电网。对功率在10kW以上的通风机，选用三角形接线方法的电动机，最好在启动时使用星/三角启动器，以降低启动电流。也可采用补偿器降压启动。

（5）采取揭膜方法的通风作业，在通风前需用薄膜覆盖在粮面上，风机运转后，要检查薄膜的完好情况，对查出的漏气点要及时修补。

（6）在通风操作前，首先要测定粮食的温度、水分以及大气的温度、湿度，按照通风判定条件，确定通风的时机。

（7）冷却通风时要合理确定降温目标粮温。冬季通风降温不是把粮堆降至越低越好，而是要考虑夏季当地的地温、通风的节能和粮堆安全度夏等问题。

（三）通风过程中的操作管理

1. 通风过程中的工作

在通风过程中，操作、管理人员应对设备运行情况和粮情等进行巡回检测。

（1）检查通风机运转是否正常　如果电机升温过高或设备震动剧烈时，应立即停机检修；

不允许在运转中对风机及配电设备进行检修，以防止发生人身事故。因故障停机时，一定要先检查断电原因，排除故障后才可重新启动。

（2）粮情检查　在通风开始、进行中和结束后应按照《粮油储藏技术规范》的要求，对粮堆的温度、水分等粮情参数进行分区、分层设点定时检测，观察分析温度、水分变化情况。

通风开始以后，粮堆的温度将趋向一致。如果出现不一致情况，应分析原因，找出出现问题的粮堆部位及范围。在这些部位增设检测点，密切关注粮温和水分的变化，并采取措施处理。

（3）检测粮食水分、温度的时间和要求

①通风降温：每4h至少测定一次粮温，并根据粮温、水分、气温及气湿的变化，按照通风条件判断能否继续通风。

水分：每个阶段通风结束以后应按照有关规定分层设点检测粮食水分。

②通风降水：每8h至少测定一次粮温，并根据粮温、水分、气温及气湿的变化，按照通风条件判断能否继续通风。

水分：每8h分层定点检测一次。

2. 通风过程中常见的问题及排除

通风过程中，储粮机械通风系统的常见故障及排除方法见表8-1。

表8-1　　　　　　　　　　　　　　故障原因和排除方法

故　障	原　因	排除方法
电机电流过大和温升过高	启动时风机的进风口未关闭	关闭风机进风口，大风机采用空载起动
	输入电压过低或电源单相断电	检查电路，保证正常供电
	联轴器连接不正，皮圈过紧或间隙不匀	调整连轴器的位置或皮圈的松紧度
出仓后风道表面有粮食结块与霉坏现象	通风口的隔热气密性能不良	改善通风口结构，达到隔热气密要求
	通风操作不当	合理选择通风时机；在通风初期风道周围粮食的水分可能会有所增加，但通风一定要持续到水分降低为止
通风时局部粮温居高不下	粮堆内有杂质的分级点	清理除杂或插导风管解决
	设计不合理，有通风死角存在	粮食出仓后，重新设计或布置风道
通风时风机不转或风量不足	无电	接通电源
	通风口未完全打开	完全打开通风口
	风机叶轮反转	任意调整两根电源接线

续表

故　障	原　因	排除方法
通风过程中的粮食失水较多	通风的空气湿度太低	合理选择通风时机
	选择的风量偏大	干燥低温地区可采用小风量通风
通风中粮温下降太慢	风量偏小	适当提高通风量
	通风时的温差值较小	适当提高温差值，可缩短通风时间
通风时，仓房内壁上、屋面下有结露现象	出风面过小，废气不能通畅排放	打开仓房所有的门窗，包括启动轴流风机换气，使废气通畅排放
	粮堆内温度高、湿热大，通风时机偏晚	适当提前低温季节开机通风降温的时机
	粮堆内外的温差过大	在通风初期容易发生，连续通风自然会消除

3. 通风过程中的注意事项

（1）在通风过程中要时常检查门窗的开启、风机的运转和薄膜的完好情况，采取吸出式通风的还要经常观察风机出风口是否有异物或粮粒被吸出。如发现不正常现象时，应立即停机进行处理。

（2）通风作业应与翻扒粮面结合起来，可直接将灰尘排出仓外，增加粮堆孔隙度，提高通风效果。在通风期间要定时检查记录各部位粮温变化，并按照有关要求时时核对能否再继续通风。

（3）高温入仓的粮食（除新收获小麦外），宜利用外界环境低温及时进行降温通风。在粮食入仓过程中，在外界环境条件允许的情况下，也可边入粮边通风。

（4）在秋冬季节，应充分利用自然低温，进行分阶段降温通风。在秋冬季通风初期，若粮堆内外的温差值过大，会在粮面或局部出现结露现象，此时应继续通风，必要时辅以粮面或粮堆局部翻动，使结露现象逐步消失。不提倡秋冬季一步到位的通风法，此时一次通风虽然降温明显、效果好、时间短，但常会引起粮堆表层结露。

并根据当地气候特点、仓房隔热性能和具体粮情，确定通风控温目标，但最低粮温值宜≥-5℃。

（5）在春夏气温上升季节，应采取自然通风或充分利用轴流风机适时进行排积热通风，有效降低仓温和粮温之间的差值。

（6）在夏季高温季节，应密切注意粮情的变化，若出现粮堆内积热、局部高温等异常情况或存在类似隐患时，应及早进行局部降温处理；若整仓粮温出现明显回升，平均粮温超过15℃（低温储粮）或20℃（准低温储粮）时，可采取机械制冷（如谷物冷却机）辅助降温措施。

（7）在秋冬季节，应抓住有利时机，对储粮进行分阶段的机械降温通风，尽可能使粮堆处于低温或准低温储粮状态。

（8）新建平房仓配备少量大型离心风机是用来应急散热降温的。正常通风可采用轴流风机进行小风量通风，但由于小风量通风具有在单位时间内携带热量有限、通风时间又较长的特点，在防结露通风时，要比大风量通风的时间提前 20d 左右，才能避免粮堆的结露。通常，也可先用离心风机快速排除粮堆内的湿热，然后再用轴流风机进一步降低粮温。此做法既可以避免缓速通风时粮堆表面易结露的现象，又可以达到节能和减少粮食水分散失的目的。

（9）对有多种仓型的粮库，应配备离心风机、轴流风机、混流风机等不同类型的风机，以便根据不同通风目的及不同仓型选用不同的风机，达到有效通风及节能的目的。

（10）在秋冬季，当仓内粮食温度高、水分偏大时，若气温条件适宜时，建议采用离心风机进行通风降温散湿，既降低粮堆温度，也能带走部分水分，但要注意防止粮堆表面的结露。到寒冬时节，再次进行通风降温。

（11）采用箱式风道通风的小型老式仓房，一定要遵守吸出式的揭膜通风法。揭膜要从距风机最远端开始，每次揭膜距离不超过 2m。箱式通风的均匀性较差，需采取埋设导风管和侧面开孔的方法减少通风死角，否则难将实现粮堆均匀降温。

（12）注意风机叶轮的高速旋转对空气的加热作用。压入式通风时，人们常忽视风机叶轮高速旋转对空气的加热作用。一台离心风机在运行过程中，通常能提高风温 2~3℃，降低空气湿度 10%~15%。选择相对湿度 60%~70% 空气对粮堆通风，经风机加热，进入粮堆实际空气相对湿度只有 50% 左右，从而造成通风降温的粮堆失水。因此，当采用大风机进行压入式降温通风时，可适当调高进入风机的空气湿度至 80% 左右，以减少通风过程中的水分散失。

（13）在通风降温中的节能问题。在通风过程中，凡采用缩短通风时间、实施小风量通风、及时压盖粮面、避免无效通风等措施，都可以实现通风过程的节能。实践证明：具有漫长低温季节的粮库，可采用小风量、低功率的风机进行通风，降温效果好，费用低；适当扩大通风时外温与粮温的温差（10℃ 左右），可以明显提高通风时的降温效果、缩短通风时间；对于已达到低温状态的粮堆及时进行压盖密闭，也能延缓粮温上升速度，减少通风降温次数，实现通风过程的节能。

4. 常见问题的处理原则

（1）避免和减少水分减量　在通风全过程中，应注意对允许通风条件的判定，正确选择通风时机、合理选配通风设备，进行有效通风。在满足通风目的和确保储粮安全的前提下，也可选择较小的单位通风量，在较低的大气温度和较高的大气湿度的条件下进行降温通风。

（2）预防和处理粮堆结露　在通风前，应合理选择通风时机，杜绝有违于通风目的的现象发生；在通风过程中，应正确判断通风条件，确保仓温、粮堆表层温度与外界环境温度差小于结露温差；在每阶段通风结束前，应确保粮堆内层间温差、粮堆与仓间温差小于结露温差。

当发生结露时，应根据其发生部位和严重程度而采取正确有效措施及时处理，消除储粮安全隐患。对于发生于粮堆表层的轻微出汗和结露，应利用自然通风、结合翻倒粮面或持续机械通风方式排除湿热。

（3）预防和处理通风死角　在设计风网时，应在满足降温通风要求的前提下，尽可能选择空气途径比小的通风系统，合理选配通风设备。

对通风过程中粮温不降或下降缓慢的死角部位，应采取插入导风管、使用单管或多管通风机组等有效方法对其进行处理，或在粮层阻力较小部位的粮面采取局部压盖措施，增加粮层阻力，迫使气流穿过原来粮层阻力较大的部位，以利于通风死角的消除，确保全仓粮食的降温均匀性。

5. 降低通风费用、减少水分散失的途径

（1）在满足通风的前提下，尽可能选择小风量通风，其好处是：首先是小风量通风时，可减少粮食水分散失；其次是可以提高通风效率，由于粮食是热的不良导体，粮粒内的热量传出很缓慢，采用大风量通风时大量空气并没发挥冷却作用，白白流掉了，不如采取小风量通风的效率高；第三小风量通风可以选用小功率风机，耗电量少、降低通风费用。

（2）增大出风面，减少通风阻力，提高降温速率。其他条件相同时，尽可能选择出风面积大的风道形式，如地槽分配器加罩、增大筛板的开孔率，都可以减少气流穿孔阻力，增大通风量和提高通风效果。

地槽分配器加罩的好处：地槽风道采用分配器的出风形式，可以增大其通风的均匀性，但缩小了风道的出风面积，使通风时的阻力增大，降低通风时的降温速率。如采用地槽分配器加罩的做法，可以大大增加风道的出风面积，降低通风时的穿网阻力，提高通风量与降温速率，降低通风费用。实践已证明：地槽分配器加罩后，其通风降温速率要比不加罩的提高一倍。

（3）选用小功率风机，特别是北方粮库可采用轴流风机通风，可以充分利用当地气候条件，实现小风量通风，既节能减少了通风耗电量，又减少了粮食水分散失，还节约了储粮费用，一举数得。特别指出的是，在西北干旱地区，选在半夜的22点至次日清晨的6点期间通风，不仅降温明显，而且保水效果好。

（4）适当提高通风时粮堆内外的温差值，这样可以提高一次通风冷却的效果，减少通风次数和通风时间，还可减少耗电量和水分散失；但粮堆内的温差不能太大，否则会适得其反。

（5）及时进行粮面压盖，可以缓解粮温上升的速度，长时间保持粮堆内的低温状态，从而达到减少通风次数和降低通风费用的目的。

以上这些措施实施是有针对性，如增大风道的出风面只能在通风系统设计阶段采用，小风量、长时间通风只适合气温低、持续时间长的北方地区。只要有针对性地选择几种措施，都能取得较好的通风降温、保水的效果。

（四）通风结束后的操作管理

1. 机械通风后的工作

（1）机械通风结束后，应及时拆下风机、关闭门窗，用防潮、隔热物料堵塞通风口，避免底层粮温上升。

（2）机械通风降温后，仓房或粮堆应采取以密闭为主的管理措施，使冷却后的粮食温升缓慢。具体做法是：秋冬季适时通风降温，将粮食冷却在0℃左右，当开春后气温接近于粮堆平均粮温前，就要对仓房实行密闭，用隔热材料压盖粮面。在高温季节，当外温低于仓温时应适时开启排风扇，排除仓内积热，以缓解粮温上升的速度。

（3）机械通风降水后，水分达到安全储藏标准的粮食，可转入正常储存或调出。

2. 通风结束后的设备管理

（1）通风结束后，应及时拆下风机，对所使用的设备进行检修、保养和防腐处理并妥善保管，以备再用。

（2）按照机械通风的单位能耗评估方法确定本次通风的能耗，并按规格详细填写机械通风作业记录卡。

填好通风记录卡是为了在日常管理中判断通风系统运行是否正常，通风条件的选择是否正确，通风效果是否达到设计的要求等，对使用过程中数据进行分析后，从而提出改进方案。此外，还可以熟悉和掌握系统的性能特点，为经济合理地运行积累资料。

第二节　粮食就仓通风干燥的操作管理

一、粮食就仓干燥操作的有关要求

（一）对粮食水分、温度的要求

1. 粮食水分

就仓干燥对粮食水分有一定的要求，并不是多高的水分粮都可以进行就仓干燥。

据有关资料报道，美国、加拿大、澳大利亚等国家一般将高水分粮分为两步干燥，即粮食从田间收获后，首先用烘干机将粮食水分降至18%左右，然后将粮食存放在配有机械通风系统的仓内，使用自然空气或辅助加热空气作为干燥介质，对仓内高水分粮进行机械通风干燥，干燥完成后直接放入仓内储藏。我们所说的就仓干燥就是将粮食水分要求控制在18%左右，不能太高。

LS/T 1202—2002《储粮机械通风技术规程》对通风降水时的粮食最大水分值见表8-2。

表8-2　　　　　　　　　　　　通风降水时的粮食最大水分值

粮种	早稻谷	晚稻谷	玉米	小麦	大豆	油菜籽
水分/%	16（15）	18	20（16）	16	18	10

注：括号内数据为亚热带地区通风降水的最大水分值。

2. 粮堆温度

LS/T 1202—2002《储粮机械通风技术规程》要求粮堆平均温度大于大气露点温度，大气露点温度可按其中附录 B 介绍的方法查得。

（二）对环境温、湿度的要求

1. 湿度

高水分粮就仓干燥对大气湿度有严格的要求，即要求大气湿度要低，大气湿度越低，干燥效果越好。我国《储粮机械通风技术规程》（以下简称"《规程》"）规定，通风时对大气湿度的选择要求如下：将粮食水分减去一个百分点的水分值，与即时大气湿度值所查得的平衡绝对湿度相比，其湿度必须大于即时大气绝对湿度才能对粮堆进行通风。

事实上，由于全天的空气温度和湿度都处在变化之中，因此就仓通风干燥在实际操作时，按上述方法确定是否符合通风条件比较烦琐，可以用查相对湿度的方法来确定通风与否，即：

由于粮食水分较高，在早期降水阶段，相对湿度关系不大。纵使空气湿度很高，也能进行降水。但当粮食表层水分降低到18%以后，只有空气湿度低于70%时才能通风降水。当遇上持续下雨的天气时，每天可开动风机1～2h，以防止粮食发热。当粮食表层水分降低到14%～

15%时，只有相对湿度低于50%时，才能开动风机通风降水。

在就仓干燥过程中，有时大气条件不能满足粮食干燥的要求，但又必须在粮食允许储存的天数内完成干燥时，可采取辅助加热的方法，降低大气的相对湿度，然后将送入粮堆进行通风降水。在常温下，气温每升高1℃，空气湿度可降低4%~5%。

2. 温度

高水分粮就仓干燥，根据环境温度分为慢速低温通风干燥、通风干燥、高温通风干燥。

慢速低温通风干燥指环境温度为0~10℃时，辅助加热5℃以内，即送入粮堆的温度在15℃以内。它的特点是通风时间长，在数星期乃至数月内才能完成，但对粮食的品质影响小，且降水均匀性好。

通风干燥是指：环境温度在25℃以内，辅助加热5~11℃，送入粮堆的最高温度不超过38℃。

高温通风干燥是指：环境温度超过38℃，但低于粮食允许受热的温度。它的特点是干燥速度较快，但稍不注意粮情变化，极易影响储粮品质，尤其在墙角、墙周边地带等通风死角。因此，在高温通风干燥时，要密切注意这些部分的粮情变化。

二、粮食入仓前后的操作管理

（一）粮食入仓前的检查

按照本章第一节中"粮食入仓前的检查"执行。

（二）粮食入仓过程中的注意事项

（1）由于高水分粮受其储藏特性（耐储时间短）的限制，必须尽可能加快粮食入仓速度，按设计要求装粮到位，再及时扒平粮面，尽早开机作业，实施就仓通风干燥。

（2）其他参照本章"第一节 储粮机械通风的操作与管理"中"粮食入仓过程中的注意事项"。

三、就仓通风干燥前后的操作管理

（一）通风前的准备

（1）测定粮食的温度、水分，然后根据大气的温、湿度条件，判断能否通风。

（2）检查通风机与风道连接的牢固程度和密封程度，检查设备的接地线是否可靠，电动机和控制线路接线正确与否，防止风机反转。采用移动式通风机进行作业时，通风机必须有效固定。风机的电机应防雨、防水，最好配有自动控制开关，一旦线路短路，即自行停机。通风机的进风口应装有网栅结构，以防杂物吸入风机，将叶轮损坏，并同时能保证人畜安全。通风机与电动机采用带式传动的，应在其传动部分设防护罩。

（3）开始通风前，首先要打开仓房门窗，便于气体交换，减少通风阻力。

（二）通风过程中的操作管理

（1）多台通风机同时使用时，应逐台单独启动，待运转正常后再启动另一台，严禁几台通风机同时启动。用于高水分粮就仓干燥通风作业的通风机不允许直接并联或串联使用。

（2）设备自动停机时，应先查清原因，待故障排除后再重新启动；电机升温过高或设备振动剧烈时应立即停机检修。不允许在运转中对通风机及电器设备进行检修，以防止发生人身事故。

（3）通风作业过程中，装粮后出现结露现象，不可停机，应继续通风，同时翻动粮面。此外，通风作业过程中，应每间隔一定时间，翻动一次粮面，以加速粮堆内水分向空气中转移，排出仓外。

（4）在通风过程中，操作管理人员应加强对粮情和设备运行情况的巡回监测，发现问题，及时处理。

（5）通风开始前和每个阶段通风结束后的粮情检测项目、测点和取样点的布置和检测时间要求等，均按《规程》中的有关规定执行。对于特殊部位（如杂质区、通风死角等）可酌情增设检测点。

（6）在整个通风过程中，应随时分析测检记录，观察各部位的粮温和水分变化，以摸清仓内有无通风死角和防止无效通风造成浪费。一旦出现通风死角，应在死角点及其四周插入导风管，迫使气流穿过通风死角，以加速该处的降水速度，达到全仓均衡降水的目的。

（三）通风干燥结束后的管理

（1）经就仓通风干燥，达到安全储藏标准的粮食，可转入常规储藏。如果粮温过高，可选择适宜降温通风的大气环境条件，将粮温尽可能降低，以利于粮食安全储藏。

（2）及时拆下通风机，关闭门窗，用隔热物料堵塞风道口，做好粮堆的隔热密封工作。

（3）对移动式通风设备进行检修、保养和防腐处理，并妥善保管，以备再用。

（4）详细填写通风作业记录卡并按介绍的方法评估本次通风单位能耗。

第三节　膜下环流通风的操作与管理

膜下环流通风技术是指在粮面采用了隔热压盖和薄膜密闭的粮堆内，利用预先布设的通风管网系统在粮堆内进行环流通风，缓慢释放粮堆内冬季降温蓄存的冷量来均衡表层粮温，从而实现低温储藏、保水储藏和偏高水分粮食安全储藏的一种特殊通风操作技术。

膜下环流通风技术适用于经过冬季通风降温后全仓平均粮温在$-5 \sim 5℃$、夏季明显存在"热皮冷心"现象的散粮储存的粮堆。一是均衡粮温：均衡粮堆内的温差，消除或减少湿热转移对储粮安全的影响，避免出现结露、发热或霉变现象。二是保持粮食水分含量：保持粮食水分含量，隔断粮堆内外的水分扩散，减少通风过程中的水分减量，降低储藏期的水分损耗。三是控制温升：控制粮堆表层温升，实现低温或准低温储粮，延缓粮食品质劣变，抑制虫霉滋生，避免化学熏蒸和防治。

膜下环流通风技术主要适用于保温、隔热和气密性能良好的房式仓，尤其适用于1998年以后兴建的高大平房仓。

一、膜下环流通风系统的组成及安装

膜下环流通风系统主要由仓内风道、竖直固定在仓墙上的回流管、埋设在粮堆浅层的环流管和环流风机组成。

（一）仓内风道

仓内风道俗称风道，是指通常安装在粮仓地坪上的由孔板或筛网构成的管道，粮食进仓后埋在粮堆内，起着均匀分配气流，防止局部阻力过大的作用。生产中常把设在仓房地坪上的风

道称为地上笼，设在仓房地坪下的风道称为地槽。

（二）回流管布置安装

1. "一机一道"布置安装形式及要点

回流管选用直径≥160mm、壁厚≥3mm的聚乙烯（PE）或聚氯乙烯-U（PVC-U）管材；

回流管沿墙壁竖直立起，高出装粮线500mm，顶端用管堵封住。沿途每隔2m用"U"夹通过膨胀螺丝固定在墙上；

在靠近通风机的第一个地槽盖板或地上笼空气分配器上开一个直径比回流管略大的孔洞，将回流管底端插入其中50mm深，并确保管与孔的缝隙不会漏粮。

2. "一机多道"布置安装形式及要点

回流管选用直径≥160mm、壁厚≥3mm的PE或PVC-U管材；

回流管沿墙壁竖直立起，高出装粮线500mm，顶端用管堵封住。沿途每隔2m用"U"夹通过膨胀螺丝固定在墙上；

在每组地上笼通风道前端的空气分配箱上开一个直径比回流管内径略小的孔，并在孔上焊接一段同直径、长100mm的管段，将回流管底端套在其上，并确保管间隙不会漏粮。

（三）环流管道布置安装埋设

环流管道的布置形式主要分布为"一机一道"和"一机多道"两种形式。

"一机一道"是指由仓底的一根地槽风道或地上笼支风道对应一根环流管，并通过一台环流风机及一根回流管连接的环流系统布置形式。

"一机多道"是指由仓底同一通风口的若干根地上笼支风道对应若干根的环流管，并通过一台环流风机及一根回流管连接的环流系统布置形式。

（1）环流管制作　选用直径≥160mm，壁厚≥3mm的PVC-U管材，全程均匀钻有通风孔眼（孔径以不漏粮为限），开孔率≥20%；管段间用管箍连接；管段末端用管堵封口。

（2）环流管的安装埋设　环流管埋设的位置为两个相邻通（支）风道的中间位置和距沿墙500mm的位置，管上粮层厚度≥100mm。

环流管的延伸管或汇集管应高出装粮线500mm，顶端安装管堵。

环流管两端分别距仓墙内壁300~500mm。采用双侧布置形式时，相对的两根环流管断面之间也需相距300~500mm。

在采用"一机多道"的布置形式时，须将多跟环流管靠通风口的一端先用直角弯头、三通和同等直径不开孔的管堵连成一组。

各环流管的汇集管可用"U"形夹通过膨胀螺栓固定在墙壁上装粮线以下180~200mm处。

（四）环流风机的选用与安装

1. 环流风机的选择

根据环流管的布置形式，确定风机型号与数量，参见表8-3。

表8-3　　　　　　　　　　　　环流管布置形式与适宜风机型号对应表

风机型号	环流管布置形式			
	一机一道	一机两道	一机三道	一机四道以上
CLTJ-120	√	√	×	×

续表

风机型号	环流管布置形式			
	一机一道	一机两道	一机三道	一机四道以上
CLTJ-150	×	√	√	×
CLTJ-180	×	×	√	√
CLTJ-200	×	×	×	√

根据所需的风量、风压，选择风机型号，参见表8-4。

表8-4 风机型号选择

风机型号	出风口径/mm	风量/（m³/h）	风压/Pa	功率/kW
CLTJ-120	85	1200~1300	1500~1800	1.1
CLTJ-150	100	1500~1800	1600~2000	1.5
CLTJ-180	120	1800~2000	1800~2300	2.2
CLTJ-200	120	2000~2400	2000~2600	3.0

2. 环流风机的安装

安装风机前，先根据选定的环流风机的安装尺寸要求，定制与之匹配的固定支架与基座。然后将固定支架牢固地固定在仓墙内壁上，再将环流风机固定在支架上。

二、膜下环流熏蒸的技术要求

（1）采用膜下环流通风技术时，单位通风量宜控制在 $3~6m^3/$（h·t）。

（2）膜下环流管在布置和开孔上应保证环流通风时气体畅通，开孔率不宜<20%，开孔孔径应小于粮食粒度直径，以防粮食落入管内。

（3）膜下环流管的布置宜与粮堆下通风道均匀错开，基本对称，确保通风阻力小，气流分布均匀，施工及安装、操作管理方便。

（4）膜下环流管选材应符合卫生标准并有足够强度的管材，直径不宜<160mm，壁厚不宜<3mm，移动方便、连接稳固。置于仓外的竖直回流管道除满足上述要求外，还应具有一定的保温措施，保温层厚度不宜<30mm。

（5）回流管道与膜下环流管道、风机以及通风道之间的连接要求不漏气。

（6）一般情况下，选用风机的风量和风压应略大于通风系统计算的风量和风压，推荐环流风机的风量应在 $1800~2000m^3/h$，风压应在1200~2000Pa。

（7）仓型应为平房仓，并具备良好的保温隔热密闭性能。

（8）仓房应具有完整的通风系统，并可进行降温通风。

（9）粮食储存期应在一年以上。

（10）粮堆应进行密闭压盖，其气密性采用负压法测定时压力从-300Pa回升至-150Pa的时间≥50s。

（11）粮堆密闭所需的粮膜应具有一定强度，若选用复合粮膜厚度≥0.12mm，若选用普通粮膜厚度≥0.14mm。

三、膜下环流通风的管理

（一）膜下环流通风操作的条件

1. 允许环流通风的操作条件

低温储粮：当原有粮情测控系统测得表层平均粮温达到15℃，同时粮堆表层温度达到18℃以上的测温点比例占到25%时，应及时进行环流通风操作。

准低温储粮：当原有粮情测控系统测得表层平均粮温达到20℃，同时粮堆表层温度达到23℃以上的测温点比例占到25%时，应及时进行环流通风操作。

2. 结束环流通风操作条件

低温储粮：当原有粮情测控系统测得表层平均粮温达到13℃以下，同时粮堆表层温度达到15℃以上的测温点比例低于10%时，再通风2h后结束环流通风操作。

准低温储粮：当原有粮情测控系统测得表层平均粮温达到18℃以下，同时粮堆表层温度达到20℃以上的测温点比例低于10%时，再通风2h后结束环流通风操作。

（二）通风过程管理

1. 设备巡查

不定期巡检环流风机运转情况并做好记录；发现风机运行异常须立即查明原因并排除故障。无法及时修复需暂停通风并报修。

2. 粮情检测

定期（每天至少一次）检查粮情数据并做好记录；在通风初期、中期和结束通风前，定点分层扦取样品检测水分并做好记录。

3. 效能评价

及时分析粮情及水分数据，判断通风效果。通风期间，要注意粮堆各层温度变化情况，预防结露现象的发生。当相邻层粮温的温差达到和超过露点温度时，应立即停止环流通风，待温差缩小后再进行通风。

第四节　谷物冷却机低温储粮的操作与管理

谷物冷却机低温储粮技术主要用于配有机械通风系统的浅圆仓、房式仓、立筒仓等仓型中散装储存的各类原粮、油料及非粉类成品粮和半成品粮的冷却通风储藏。它具有降低粮食温度，在降温的同时可以保持和适量调整粮食水分，具有保持水分冷却通风、降低水分冷却通风和调质冷却通风三种功能。

一、谷物冷却机的基本构造

谷物冷却机是一种可移动的机械制冷机组，由制冷系统、温度湿度调控系统和送风系统组成。主要部件有通风机、空气过滤器、压缩机、冷凝器、蒸发器、膨胀阀、后加热装置、控制装置和可移动机架等。它是为低温储粮而开发的专业设备。在进行谷物冷却机进行储粮冷却时，需与储粮通风管道的通风口对接，与粮仓、通风道、粮堆、控制设备等组成谷物冷却机低温通风系统。在夏、秋季无冷源或应急处理的情况下，利用该系统对低温储粮仓实施辅助制冷或对发热粮堆进行强制冷却，以确保粮堆常年处于（准）低温状态或提高储粮的稳定性。

二、谷物冷却机低温储粮技术的应用条件

（1）粮仓的风网系统应符合 LS/T 1202—2002《储粮机械通风技术规程》的要求。

（2）粮情检测系统应符合 GB/T 26882.1《粮油储藏　粮情测控系统　第 1 部分：通则》的规定。

（3）供电系统应符合有关电气安装规范，并能满足谷物冷却机的动力负荷要求。

（4）仓房应具备隔热、密闭、防潮性能。

（5）应配备能准确迅速检测粮食水分及风管内空气温度、湿度的检测设备。

三、谷物冷却机低温储粮的作业管理

谷物冷却机低温储粮作业管理包括冷却通风前的准备、设备操作与管理、冷却通风过程中的检测项目和要求、检测粮食温度与水分的间隔时间和结束冷却通风的条件、冷却通风的作业要求以及冷却通风结束后的管理。

（一）冷却通风前的准备

（1）根据仓房类型、风网布置、设备条件、粮食种类、粮堆体积和冷却作业要求等，合理选择冷却储粮工艺和设备运行参数，确定谷物冷却机在仓房的通风位置及使用数量。

（2）测定通风前的仓温、粮温、储粮水分和大气温度、相对湿度。根据粮情，仓房条件和低温储粮的要求，确定粮食冷却目标和通入仓内冷风的温度、湿度。冷风温度一般比目标温度低 1~3℃；冷风湿度应按粮食不同功能冷却通风的要求确定。冷风相对湿度的设定及计算方法参见 LS/T 1204—2002《谷物冷却机低温储粮技术规程》的附录 A。

（3）谷物冷却机宜平稳摆放在背阴处平整坚实的地面上，避免设备运行时产生异常振动；避免整机特别是电控柜受阳光直接照射。

设备移动时应避免剧烈颠簸，车辆牵引速度不应超过 6km/h。

设备电缆不允许碾压，也不宜在地面上拖拽，避免造成事故。

（4）检查设备各连接部位有无松动和损坏，制冷剂有无泄漏，液位是否符合运行要求；检查进风口过滤网、冷凝器散热片是否清洁畅通等。

（5）未安装进风口过滤器的设备不允许运行；不允许在设备上清洗进风口过滤器；清理冷凝器时要避免散热翅片变形；用水冲洗设备时，要严防电器接线处及控制系统着水，以免造成电器短路；不允许攀拉摇动设备上的各条管路，特别是设备上的毛细管。

（6）检查电源电压，其范围应在 342~418V。

检查谷物冷却机接入电源的相位。如果相位错误，应在连接谷物冷却机电源的开关箱内调换相位。严禁改动谷物冷却机内部的电源接线。每次连接电源都应检查相位。

（7）谷物冷却机应按仓房风网设置与进风口连接，可采用一机一口或一机多口。用送风管连接谷物冷却机出风口与仓房进风口并确保接口及风管不漏风。如果采用硬风管连接，其质量（重量）不能由设备的出风口承载。在仓房多个进风口之间安装的连接风管应配有空气分

配装置。为避免风管的冷量损失，应尽可能缩短风管长度。接风管和空气分配装置上必要时包敷保温材料。

（8）在仓房进风口的连接风管上应开设冷空气温度、湿度检查孔。在仓内空气分配器上方应布置若干粮食水分检测的固定取样点。

（9）根据谷物冷却机通风风量和环境风向等有选择地、适量地打开仓房排气窗口，以便仓内热空气能顺畅排出。

（10）谷物冷却机配备有 U 形测压管时，U 形测压管内应注入清水到规定位置。

（二）设备操作与管理

（1）按照设备使用要求，预热谷物冷却机的制冷压缩机。

（2）根据上述确定的参数，设定谷物冷却机出风温度和湿度等参数。谷物冷却机出风温度的设置不宜低于 10℃。过低的温度设置不能使冷却速度加快，反而造成运行成本的提高。

（3）不允许向仓内送入高于粮食温度的空气，以防粮食结露引起霉变。当采用不同温度分阶段冷却通风时，不允许后阶段通风温度高于前阶段。

（4）准备工作及设备预热完成后，启动谷物冷却机进入运行状态。

（5）谷物冷却机启动后约 30min 达到稳定状态，在此期间应注意观察谷物冷却机的运行情况。设备启动后，应保持运行 15min 后方可停机。停机再启动的时间间隔不应少于 10min。

（6）由于仓内粮食温度、水分的变化不尽相同，应及时调整设备出风温度、湿度参数。

（7）当气温较低粮温较高时，冷却通风初期可能会造成仓房顶部或墙壁甚至粮堆表层结露，应继续低温通风并且加强仓房顶部的空气流通，直到结露消失。

（8）谷物冷却机运行中要对制冷剂流动情况、冷凝水排放、电源电压和设备电流、出风温度和湿度、风压和过滤网及仓房排气窗口的开启等情况进行检查，发现问题及时处理。

（9）设备报警或自动停机时，应按设备提示查清原因，排除故障，重新启动；通风作业时，当设备出现出风温度、湿度或压力异常、电机温度过高、设备振动剧烈、制冷剂泄漏等故障时应立即停机检修；不允许在设备运行状态下进行维修。

（10）谷物冷却机不允许串联使用。

（三）冷却通风过程中的检测项目和要求

（1）冷却通风过程中至少每 2h 检测一次入仓冷空气的温度、湿度。如发现与设定温度的差值>1℃或与设定湿度的差值>6%，应检查谷物冷却机的自控调节情况及环境温度、湿度变化情况。对于不能及时纠正过大偏差而设备又不能自动停机的，应人为调整或停机检查原因。

（2）为了解粮堆通风均匀情况，必要时可对粮堆表观风速进行测量。

（3）应按 GB/T 29890—2013《粮油储藏技术规范》规定，定时对粮食温度、水分进行检测。在特殊部位，如粮温和水分最高和最低处、通风死角区、杂质聚集区和通风管道附近等应适当增加检测点。

（四）检测粮食温度、水分的间隔时间和结束冷却通风的条件

1. 保持水分冷却通风

（1）每 6~12h 测定一次温度；在通风开始、中期和结束后检测水分。粮情变化较快时可适当增加检测次数。在分阶段冷却时，每个阶段通风结束后，应按照有关规定分层设点全面检测粮食水分。

（2）当平均粮温降到预定值，冷却界面已移出粮堆上层（距粮堆表面大约深 30cm 处的粮

温不应高于预定值 3℃），粮堆高度方向温度梯度≤1℃/m 粮层厚度时，即可结束冷却通风。

2. 降低水分冷却通风

（1）每 6~12h 测定一次温度；每 12h 分层定点检测一次水分。

（2）当储粮平均温度和水分达到预定值、粮堆高度方向温度梯度≤1℃/m 粮层厚度、粮堆高度方向水分梯度≤0.5%/m 粮层厚度时，即可结束降水冷却通风。同时按照有关规定分层设点全面检测粮食水分。

3. 调质冷却通风

（1）调质冷却通风的增水量不应超过低温安全储粮水分的范围，并应在粮食加工前进行。

（2）每 12h 至少测定一次粮温；根据调质冷却通风要求，每隔 8h 分层定点检测一次水分。在采用分阶段控湿冷却时，每个阶段通风结束后对粮食水分进行一次分层定点检测。

（3）当储粮平均温度和水分达到预定值（不得超过低温安全储粮水分值），粮堆高度方向温度梯度≤1℃/m 粮层厚度、粮堆高度方向水分梯度镇≤0.5%/m 粮层厚度时，即可结束调质冷却通风。同时按照有关规定分层设点，全面检测粮食水分。

（五）冷却通风的作业要求

（1）需要低温储藏的粮食，粮食入仓后应尽快完成初冷作业。安全水分粮食初冷作业应将粮温降低到 12~15℃，半安全水分粮应将粮温降低到 10~12℃。在粮温回升到 17~20℃时可进行复冷作业。

（2）冷却通风作业应尽量在高温天气到来之前完成。高温季节确需进行冷却通风作业时，应尽量选择夜间或其他有利的气候条件进行。

（3）对发热或水分偏高粮食，或粮堆温度梯度、水分梯度较大时，应及时进行冷却通风降温或平衡温度处理。

（4）由于条件限制不能一次性完成整仓冷却时，可采用分区段冷却通风降温作业。

（5）在低温季节，应首先利用自然低温条件进行机械通风降温。通风条件应符合 LS/T 1202—2002《储粮机械通风技术规程》的有关规定。

（6）低温储粮的温度和安全水分具有相对性。冷却通风作业应本着安全、经济、有效的原则，根据当地的气候条件、仓房和粮食状况具体实施。

（六）冷却通风结束后的管理

（1）冷却通风结束后，应立即拆除风管，关闭仓房进风口、窗门、排气口，并及时做好防潮、隔热和密闭处理。

（2）粮面宜加盖塑料薄膜，有条件时宜加盖隔热材料。隔热材料应对粮食无污染，同时具有良好的阻热性、阻燃性及经济性。

（3）当设备使用完毕后，应按使用说明书要求进行维护保养、妥善保管。

（4）评估本次冷却通风作业的单位能耗和成本，填写作业记录卡。

（七）对操作管理人员的要求

（1）应具有储粮冷却通风专业知识、机械制冷知识和机电设备操作使用、维护保养技能，并经过培训考核合格后，方可上岗。

（2）在设备使用前，应阅读使用说明书，了解谷物冷却机工作的基本原理和结构，掌握操作方法，能够处理谷物冷却机工作过程中发生的一般问题。能够按照设备的使用和操作要求进行冷却通风作业。

四、谷物冷却机经济运行管理

（一）经济运行程序

当仓温、粮温回到核定温度（通常仓温为 25℃，粮温为 20℃）时，便要着手安排谷物冷却机，按 LS/T 1204—2002《谷物冷却机低温储粮技术规程》的要求，对粮仓进行补冷：一是关闭仓门、仓窗、通风口等，开启谷物冷却机，设定温度为 15℃，相对湿度为 80%~90%，通过粮情电子检测系统，实时监测仓温、粮温、仓湿的变化；二是谷物冷却机运行一段时间后，当仓温、粮温稳定在核定温度以下，相对湿度在 70%~80% 时，关机；三是谷物冷却机停机一段时间后，当表层粮温回升超过核定温度 0.5~1℃ 时，再开启谷物冷却机，运行至仓温、粮温恢复到核定温度以下时，再次关机。如此循环。

每周检查一次储粮水分，根据情况适当调整谷物冷却机的出风口温度、湿度。

当仓外温度自然下降，粮温呈下降趋势时，停止使用谷物冷却机。

一台谷物冷却机，根据制冷量的大小，可同时串联至多个仓房使用。

（二）避免粮食水分减量的方法和原则

在保证能将仓温、粮温降至核定温度以下的前提下，尽可能设定较高的谷物冷却机出风温度。

（三）降低能耗的方法和原则

利用秋冬季节进行自然通风，分阶段进行机械通风，将基础粮温尽可能降至最低，以延长低温保持期。同时，尽可能保持粮食原有水分。

在保证能将仓温、粮温降低至核定温度的前提下，尽可能设定较高的谷物冷却机出风温度和单位通风量，减少压缩机负荷。

室外温度较高时，会导致谷物冷却机制冷效率降低。应根据粮仓温度回升情况，选择夜间运行，如确需白天运行，应对谷物冷却机加设遮阳篷。

（四）预防和处理结露的方法和原则

谷物冷却机出风温度过低时，会导致与仓温温差过大而产生粮面结露。应在保证将仓温、粮温降至核定温度的前提下，尽可能设定较高的谷物冷却机出风温度和较低的出风湿度。

当粮食在谷物冷却机运行过程中发生结露时，应根据发生的部位和严重程度，采取有效措施及时处理。对发生于粮面的表层轻微结露，可采取翻动粮面及设定较高的谷物冷却机出风温度予以排除。

五、谷物冷却机的保养与维护

为了使谷物冷却机能够正常的工作，对设备进行检查、维护和保养是必不可少的重要环节之一。特别是那些易受灰尘侵入的换热部件和过滤器，应注意可能因风吹雨淋或灰尘引起功能损坏的现象，要定期和不定期清理，以确保设备使用效果。

（一）操作步骤

定期检查设备的制冷系统，送风系统和控制系统的主要部件，并进行必要的保养维护。检查项目和保养维护内容参照《设备使用说明书》的有关规定，可根据实际经验和具体情况延长或缩短检查和保养维护的时间间隔。

设备运行前和运行过程中，应重点检查过滤器、冷凝器、蒸发器的清洁度。若灰尘、杂物过多应及时进行必要的清理。

设备运行过程中,应重点观察制冷系统、通风设备、电控设备的各部件运转是否正常。若有异常噪声、溢油漏油、风量及温湿度波动过大等不正常现象发生,及时停机检查,解决问题后方能重新启动。

设备停止运行并短期内不再启动时,应及时排除 U 型管内液体,对过滤器、冷凝器和蒸发器上的污物进行彻底清理,罩上防尘罩,并移至专用的设备库房存放。

长期(一年以上)不用的设备也应每年运行一次,检查各部件的运行情况,并做好必要的保养和维护。

(二)注意事项

设备任何方面的保养与维护必须在停机状态下进行,坚决杜绝运行过程中对设备的然后保养,防止事故发生。

制冷系统的检查与维护应请厂家专业技术人员进行,非专业人员一般不要随意拆卸和安装制冷系统,制冷系统管路严禁用手推拉或遭受各种外力,以免造成制冷剂泄漏及制冷系统的损坏。

过滤器灰尘、杂质过多(附着物超过滤网面积的 25%或运行时压差超过 200Pa)时,应关闭设备,及时从设备上拆卸过滤网,采用压缩空气喷吹、吸尘器抽吸或洗涤剂清洗的方式进行清洗,或者直接更换,待过滤网安装复位后,方能重新启动设备。严禁在设备上清洗过滤网,以免污染蒸发器。严禁未安装过滤器或过滤器(网)撕裂的设备启动运行。

冷凝器和蒸发器上灰尘、杂物过多时,应及时停机并用清洁水冲洗,以提高冷却效率。注意冲洗水压不宜超过 50kPa,以免使翅片受损。若翅片上沾有油污,可用水蒸气进行喷洗,也可先喷洒强力除油剂,再用清洁水冲洗。冲洗前,应对电控部位和电器连接处做好必要的防水措施。

谷物冷却机应存放于干燥、清洁、温度波动不大的环境中,特别注意不能和有腐蚀性的物料存放在一起,以免对设备、线路及电器元件等造成腐蚀损坏。

参加维护与保养的人员必须受过专业培训,具备相关专业知识和操作技能,否则不准上岗。

第五节　控温储藏的管理

一、控制好入仓的粮质和把握粮食入仓的时机

控制好入仓的粮质。一是接受入仓的粮食,应按国家粮食质量标准,进行质量检验,保证入仓的粮食达到干燥、饱满、纯净、无虫的要求;二是入仓的粮食储存品质必须符合《粮油储存品质判定规则》中宜存指标的规定。

根据 GB 1350—2009《稻谷》、GB 1351—2008《小麦》、GB 1352—2009《大豆》、GB 1353—2008《玉米》,各种粮食水分标准为:大豆≤13%;稻谷、小麦≤13.5%;玉米≤14%;杂质标准为:稻谷、小麦、大豆、玉米≤1%。

把握粮食入仓的时机。就全年的气候来讲，低温季节是粮食入仓的好时机，有利于充分利用外界冷源，减少动力损耗，降低粮温。

但在实际工作中，有些品种的粮食，比如早稻，收获入库的季节往往在高温季节，对于这类粮食，应根据气候条件，掌握露点温度，及时采取通风，平衡粮温，待进入低温季节时，选择自然通风或机械通风，再将粮温降至低温状态。

具备气候条件的地方，收购时也可以采取露天临时存放，待低温季节再进行入仓。

此外，包装粮食在低温仓中堆放时，应根据仓内送风系统出风口的位置，合理布置堆间走道，使其形成一个自然的风道，以提高降温效果。低水分粮可堆十列垛以上的大堆，较高水分或较高温度进仓的粮宜堆小堆或通风垛。

二、抓住有利的低温时机冷却粮食

秋末、冬季和初春是通风降温的最佳季节，利用低温季节干冷天气冷却粮食既可提高储粮的稳定性，更可为来年粮堆低温度夏做准备，又能保持粮食原有品质，延缓粮食陈化速度，还可抑制虫霉生长速度，减少熏蒸次数，降低保管费用。

粮堆在实施通风降温具体操作时，应抓住如下有利时机：一是充分利用寒潮到来时有利的气候条件进行降温；二是充分利用晚间气温较白天低的规律，实施晚间通风降温。

实施粮堆通风降温冷却，应根据当地气候条件，制订计划，设定分阶段降温目标。可以减少一步到位粮温反弹快的弊端。研究表明，年度最低粮温降至 $-5\sim0℃$ 比较合理，也符合我国的国情。

处于高寒干燥生态区、低温干燥生态区的粮库，由于全年的低温期比较长，可充分利用当地气候条件，实施自然通风或采用小风量、低功率的风机进行慢速通风，达到最终降温目标。

三、春季隔热保冷

低温储粮，通风降温是前提，隔热保冷是关键。粮堆通风降温达到降温目标以后，在春季气温升高前，做好仓房密闭及粮面压盖工作，为储粮低温度夏作准备。而后，尽可能减少仓房门窗的开启。

四、夏（秋）季通风降低仓温

过冬粮堆一般粮温较低，到夏季无须揭膜通风，关键是做好仓温的调控工作，这是延缓粮温回升的重要措施。

通常，一般储粮仓房上层空间都安装有轴流风机，既能用于粮仓通风，又能用于粮仓上层空间换气。而仓房上部建有隔层的屋盖拱板仓，其隔层还安装有换气风机，专门用于隔层空间换气。

在夏（秋）季气温上升季节，仓温或表层粮温明显高于外温，应充分利用晚间或早晨相对气温低时，适时排除白天从屋顶进入的积热。在进行隔热换气作业时，要密切注意天气变化，及时检测大气气温、空气湿度情况，一旦气温较低，立即开启换气风机降仓温、排出积热。

换气风机宜采用微电脑控制，设定隔层的温度，微电脑根据外界的大气条件，适时启闭换气风机。这样，能及时排除隔层或仓内的湿热空气，起到事半功倍的效果。

开启仓内排风扇通风换气降仓温时，应合理打开窗户，离排风扇远的窗户全打开，离排风扇最近的窗户可以不打开或微开，保证全仓都能有效通风换气，防止轴流风机负压过大造成天花板石灰粉刷层脱落。所需开启的门窗应安装防虫帘或防虫网，防止害虫感染。

利用阴雨天进行通风换气时，应注意对仓房设施的检查，防止出现雨水渗漏导致储粮结露、生霉。

五、（夏）秋季辅助制冷维持粮堆低温

随着外界气温的回升，高大粮堆往往会出现"冷心热皮"现象，当出现这种现象时，应根据不同情况采取相应措施进行处理。如果粮堆内的界面温差<5℃，并且水分差<1%时，储粮通常是安全的，对"冷心"可不做处理，但要随时检测界面上温差与水分变化。如果界面上的水分差1%或温差在5℃以上（尤其是接近露点温差），就必须进行粮堆内的温度、水分平衡。在界面上的温差达5℃以上或水分差1%以上，但幅度不大时，可利用环流风机进行膜下内环流，以减小外部气温的影响；在幅度较大时，应采用粮面揭膜或使用排风扇、通风机进行通风，但一定要注意通风时机的选择并谨慎操作，严防结露。

尽管对粮仓进行了隔热保冷措施，但受夏末初秋外界气候持续高温的影响，最终粮温也在逐步回升。当粮温上升至20℃左右时，应启动机械设备辅助制冷，以维持粮堆的低温状态。

安全水分粮食初冷作业应将粮温降低到12~15℃，偏高水分粮应将粮温降低到10~12℃。在粮温回升到17~20℃时可进行复冷作业。

六、冬季自然通风辅助通风降温

对于上年入仓的低温粮，到秋冬季节若粮堆内外温差较大时，必须揭膜通风降温；若粮堆内外温差不大时，可以不揭膜、不进行通风，但要注意粮堆内外的温差变化，防止结露。

对于当年新收获入仓的粮食，则按前面介绍的方法，低温季节实施通风降温、春季密闭隔热保冷、夏秋季通风降低仓温及辅助制冷，确保储粮常年处于低温状态。

特别指出的是，低温储藏的粮食应定期检测温度、湿度（水分）、害虫及粮食品质劣变指标，一旦发现问题，应及时采取相应措施，予以解决。同时，在低温储藏管理过程中，还应加强设施、设备的管理，尽可能减少费用，提高设备效率，改善隔热，加强密闭，降低粮食保管费用，提高低温储藏的经济效益。

第六节　"三低"储粮的操作与管理

"三低"储粮即将温度控制在相对低温、将氧气控制在相对低氧（严密闭，顺其自然缺氧）、将杀虫药剂控制在低剂量熏蒸状态的一种适合中国国情的储粮实用技术。

实施"三低"储粮，要求粮食质量良好；要求仓库具有良好的隔热、防潮、通风、密闭的性能；要求配有测温、测气、测毒装置。

一、"三低"储粮的操作方法

（一）高温季节入库的粮食

高温季节采用"三低"储粮有如下三种方式。

（1）第一种方式 低氧（薄膜密封降氧）→低药（磷化氢低剂量熏蒸）→低温（秋凉后机械通风降温）→低温、低氧（翌年气温回升前压盖密闭隔热保温，同时会出现自然降氧）。

操作步骤：新粮（早稻）入库后及时用塑料薄膜严格密封粮堆，进行自然缺氧，待氧气降至12%～13%，二氧化碳升至4%～8%时，从塑料薄膜上预留的施药孔内多点分散地施入磷化铝（剂量一般为每50万kg粮食用药1kg），并立即封闭施药孔，待冬季气温显著下降时，再揭开塑料薄膜进行机械通风，把粮温降低到最低限度（一般降低到10℃以下，以下同），翌年3月气温回升前，又及时密封仓房门窗与通风道口（在通风道口可用泡沫板或膨胀珍珠岩包密封隔热），并在粮面上用隔热材料进行压盖密闭，实施隔热保冷储藏。

（2）第二种方式 低药、低氧（薄膜密封降氧和磷化氢低剂量熏蒸同时进行）→低温（秋凉后机械通风降温）→低温、低氧（翌年气温回升前压盖密闭隔热保温，同时会出现自然降氧）。

操作步骤：新粮（早稻）入库后及时施用磷化铝熏蒸杀虫（剂量一般为每50万kg粮食用药3～4kg，施药后立即用塑料薄膜严格密封粮堆）或用防护剂拌入粮中防虫，冬季气温显著下降时再进行机械通风，把粮温降到最近限度，翌年3月气温回升前及时密封仓房门窗与通风道口并覆盖粮面（方法同前）进行密封隔热保冷储藏。

（3）第三种方式 低温（机械通风降温）→低药、低氧（薄膜密封降氧和磷化氢低剂量熏蒸同时进行）→低温（机械通风降温）→低药、低温、低氧（翌年气温回升前，防护剂防虫和压盖密闭隔热保温，同时会出现自然降氧）。

操作步骤：新粮（早稻）入库后及时进行机械通风，平衡入库新粮的温（湿）度，在9月下旬以前尽快把粮温由35℃降到25℃左右，再采用分层埋包多点、分散布药的施药方法施放磷化铝熏蒸杀虫（剂量一般为每50万kg粮食用药3～4kg），施用后立即用塑料薄膜严格密封粮堆。至11月初气温显著下降时揭开塑料薄膜进行第二次通风，使粮温降至15℃以下，至翌年1月前后再进行第三次通风，使粮温降至最低限度，然后在粮堆表层拌防护剂防虫，并及时密闭仓房门窗与通风道口，同时覆盖粮面进行密闭隔热保冷储藏。

（二）低温季节入库的粮食

低温（机械通风降温）→低药、低温、低氧（翌年气温回升前，进行磷化氢低剂量熏蒸和压盖密闭隔热保温，同时会出现自然降氧）。

操作步骤：新粮（晚稻）入库后，如果发现有虫，施用磷化铝熏蒸杀虫或拌入防护剂防虫（没虫，则不要进行杀虫处理），然后，随着外界气温不断降低，选择有利于粮堆通风的天气，对粮堆进行通风降温，待粮温降至最低限度，翌年气温回升前，及时密闭仓门并覆盖粮面进行密闭隔热保冷储藏。

二、"三低"储粮的日常管理

（一）防止粮食返潮结露

在秋冬、春夏变换季节，粮温变化较大，粮食水分发生转移，沿墙四周、柱角等表层容易返潮，秋冬季节易发生薄膜内结露，此时不应轻易揭开覆盖薄膜，以影响"三低"继续进行，可采用以下方法预防和治理。

（1）生石灰干燥法　事先用已粉碎的生石灰灌入用布缝制、长约 1m、宽约 10cm 的布袋内，埋入上述部位，既可保持粮食干燥，又对害虫有一定抑制作用，其缺点是只能使用一次，制作烦琐。

（2）去湿机干燥法　去湿速度快，效果明显，操作简便。

（3）卫生纸吸潮法　将干燥卫生纸用报纸包好置于密封薄膜内，其特点是取材方便，用完取出晒干又能吸潮，可反复使用。

（二）根据粮情区分检查

密切注意粮情变化。但不要轻易开启门窗。实施"三低"保粮的仓房，若粮情稳定，仓温低于 20℃，粮温低于 15℃ 时，应减少进仓次数，视情况宜 7~15d 进仓一次；新进仓粮勤检查，隔年粮少检查；条件差的仓房多进仓，条件好的仓房少进仓；粮情不稳的全面查。检查时尽量不揭开密封薄膜，防止漏气。

（三）减少热量传递

夏秋高温季节，利用夜间或早晨低温进行仓内粮堆以上空间排风换气，降低仓内空间温度，减少仓温对粮温的影响，上午 8~10 时前进仓检查，10min 后关闭门窗，避免热空气进入仓内。通风道口用泡沫塑料或其他隔热材料进行密封隔热；门窗设双层塑料薄膜密闭。有条件的单位，应进行粮面压盖隔热，推荐采用聚苯乙烯泡沫板，配合明胶布压盖粮面，既能增强隔热控温效果，又美观。可使不具备隔热性能的仓房全年最高月平均粮温<20℃。因为聚苯乙烯泡沫板导热系数小，抗压性能好，可以削弱夏季外界高温对粮堆的热传递强度。用明胶布封住接缝口，可切断粮堆与外界气流交换的通道，控制粮堆温度的升高。

（四）防止害虫传播

检查时，先查无虫仓，后查有虫仓；先查"三低"保管仓，后查常规保管仓；每 2~4 个月对仓库四周和仓门定期防虫布线；检查进出门加设一道门，门中设小门。通风时，开启的通风口和门窗应加设防虫网，高温季节少开或不开门窗。仓内器材要严格消毒，专仓专用。密闭保管期间若一旦发现个别部位有虫感染，应立即局部补药歼灭。仓房空间和薄膜上定期打药和消毒。

（五）适时揭膜通风

对于长期储藏的"三低"储粮，冬季气温低于粮温时，适时进行通风降温，同时，翻扒粮面，疏松粮堆，表层拌施防护剂，为来年的"三低"管理打下坚实的基础。

总之，"三低"操作应贯彻"安全、经济、有效、简便"的原则，达到仓房密闭隔热、粮堆低温"四无"、粮面平整疏松、焊膜牢固平实、膜面光亮挺直、测检简便准确，仓内仓外清洁。

第七节　气调储藏的管理

气调储藏又称气控储藏，即通过人为地控制粮堆生态系统中气体因子，使粮堆中气体成分有所改变，以达到控制害虫、抑制霉菌和降低粮食呼吸作用及生理代谢，延缓粮食陈化的粮食储藏方法。

我国采用的气调储粮技术可分为缺氧（自然缺氧）与人工气调（充氮气调、充二氧化碳气调）两大类。

一、气调储藏期间的管理

（一）定期测定气体成分

气调储粮中，粮堆内气体成分的变化，是判断储粮稳定性和粮堆密封情况的一个重要指标，所以要定期进行气体分析，测定密封粮堆内的氧气和二氧化碳的含量，测定一般在密封后24h内进行，连续测定一周，达到降氧效果后可每周测定一次。目前，我国粮食部门最常用的测定方法是采用奥氏气体分析仪测定，也可采用快速测氧仪和快速二氧化碳仪测定。

气调储粮常发生氧回升现象，如果是有规律的慢慢下降，其原因有几种可能：一是薄膜微透性所致；二是粮温低，粮食和微生物的呼吸微弱；三是测气所用吸收液吸收不完全使其测定数据偏低。如果发现氧气浓度忽高忽低，或是一下子降得很多，那就要检查薄膜是否有破损或其他原因。发现问题要及时处理。

气温下降季节，如粮温高于气温，应及时进行揭膜通风。

（二）加强粮情检查

粮情检查可直接掌握、判断储粮安危情况，因此需要定期、系统地对粮情进行检测。定期检测的项目有：温度检查、水分检查、害虫检查。

（三）防止结露

在气调储藏中，常因粮堆内外温差较大而产生结露。粮堆结露与塑料薄膜密封时间有关，在气温上升季节一般产生外结露现象（7月份以前）；在气温下降季节（秋末）气温与粮温存在较大温差时，一般产生内结露。预防的方法是：在粮面上加盖一层旧麻袋片，有条件的可用除湿机脱湿，或应用硅胶、无水氯化钙对少量储粮垛进行吸湿，解除结露。在密封粮堆内的温度高，与外界的温差过大，堆内容易结露而导致"白色霉菌"，如米根霉等耐低氧的霉菌滋生。根据各地经验，这种结露、生霉时期，以每年10月、11月间最易发生，尤其是高水分的储粮，发生较重。防止结露的措施主要是增放吸湿剂，即在密封粮堆内的四周和表面，除加盖麻袋等防护物外，再加放一些吸湿剂，如无水氯化钙、无水硅胶、分子筛等，吸湿防霉，解除结露。

（四）安全防护

控制的大气对人体是有害的，施用时必须充分注意。氮对人虽然无毒，但往往同时缺氧，或有高浓度的二氧化碳存在，都是危险的。

在充氮的大气中，如果含有14%以下的氧或者含有5%以上的二氧化碳，对人的生命就有危险。人如果进入只含有10%以下氧气的大气中，就会失去知觉。在10%~14%的氧浓度下，多数人虽不致失去知觉，但对人的神经有所伤害。

二氧化碳气体对人的呼吸道有刺激作用，因此，它具有警告性。当二氧化碳达到3%以上时，人会感到极不舒服，若达到5%，会感到呼吸困难或作呕。在9%的二氧化碳浓度下，5min即会失去知觉。如果停留在含有20%二氧化碳的大气中20~30min，就有死亡危险。因此，在气调储藏过程中，必须提高警惕，注意安全。充气时，要不断检测仓库内及周围环境的气体成分。一般将二氧化碳 0.5% 以下和氧浓度 18% 以上看作安全气体。否则，是不安全的甚至是危险的，应及时采取措施。进入充气的气调仓或缺氧环境时，要携带压缩空气呼吸器，且两人同行。值得指出的是，防毒面具不能用于防御低氧和高二氧化碳的大气。

人员进入气调储藏并长期密闭的筒仓、地下仓进行查粮和其他作业时，必须先对仓内的氧含量进行测试。可用测氧仪测试；也可用马灯火焰测试，若马灯熄灭即表示缺氧。当确认仓内缺氧时需经过换气后再进行测试，直至确认不缺氧后，在仓外有人监护的情况下方可进行入仓作业。

缺氧仓应有明显警戒标记和严格的管理制度，以防其他人员误入而造成伤亡事故。

二、氮气气调储粮的操作与管理

氮气气调储粮是利用制氮设备产生的氮气，通过管网输送到粮仓内，以改变其中的气体组分，达到防治储粮虫霉，延缓粮食品质变化的储粮技术。

氮气气调储粮适用于达到气密性要求的粮仓或粮堆。粮种包括稻谷、玉米、小麦和大豆。

（一）氮气气调储粮系统的组成

氮气气调储粮系统由下列构件组成。

（1）制氮设备　是指在常温下将空气中氧气和氮气分离的设备。分离工艺包括变压吸附和膜分离，设备包括固定式和移动式。

（2）供气系统　是指完成向粮堆输送氮气的系统。由制氮设备、输气管道、进仓管道、控制阀、粮堆内分配管道、环流风机、流量计、压力表等组成。

（3）浓度检测系统　是指用于测定仓内不同位置氮气含量的成套设备。由取样端头、气体采集管路、取样阀、检测箱和气体浓度检测仪等组成。

（4）粮面气囊　是指充气能形成一定储气空间的粮堆表面密封粮膜。

（二）实施氮气气调储粮的基本要求

（1）实仓气密性要求　平房仓膜下气调，实仓气密性 -300Pa 升至 -150Pa 的半衰期 ≥ 300s。浅圆仓整仓气调，实仓气密性 500Pa 降至 250Pa 的半衰期 ≥240s。

（2）设备要求　变压吸附制氮设备符合 JB/T 6427—2015《变压吸附制氧、制氮设备》的相关要求。空气呼吸器符合 GB/T 16556—2007《自给开路式压缩空气呼吸器》的相关要求。氧浓度报警仪符合 GB 12358—2006《作业场所环境气体检测报警仪　通用技术要求》的相关要求。氮气浓度检测仪使用前需校正氧传感器。

（3）粮食要求　入库粮食等级中等以上（含中等）；入库粮食水分，稻谷 ≤13.5%、小麦 ≤12.5%、玉米 ≤13.5%、大豆 ≤13%。

（三）仓房气密性处理与气调操作

1. 气密性处理

（1）平房仓气密性处理　主要采用薄膜密闭。上年度或秋冬季节入库的粮食，粮面密闭在冬季通风结束粮温最低时实施；春夏季入库的粮食粮面密闭可在充气前实施。

若漏气部位主要在堆粮线以上，空仓气密性 500Pa 半衰期 ≥120s 时，可采用粮面密闭。否则，须五面密闭。

（2）浅圆仓气密性处理　在挡粮门和密闭隔热门之间增设薄膜气密门。检查出粮口气密闸板密封元件，更换不合格元件，周边填充硅酮胶，顶紧、压紧装置。检查进粮孔和进人孔，更换老化或破损气密胶条，加贴软胶垫，拧紧压紧螺钉。检查仓顶通风孔，更换老化或破损气密胶条，并加涂密封膏。仓底通风口更换气密胶条，漏气部位涂中性硅酮胶补漏。

2. 充气前的准备

（1）操作人员　实施负责人：掌握氮气气调的基本理论知识，能够组织和指导气调作业。

操作人员：熟悉气密性处理和安全防护及检测设备使用方法，能熟练操作制氮设备。

安全防护人员：入仓作业时应安排 1 名以上负责安全防护的人员。

（2）布置氮气浓度检测点　平房仓：在粮面密闭前布置测气点。在仓房对角线上分别离两角 7m、3m 以及仓房中间 3 个位置，每个位置不同粮层深度布置 3 个检测点：粮堆上层（堆高 3/4 处）、中层（堆高 1/2 处）、下层（堆高 1/4 处），粮面上仓房中部气囊内 1 个点，气体取样管宜为管径 4mm 的耐压软管，埋入粮堆的取样管应带取样头，取样箱内应张贴布管图。

浅圆仓：在粮食入仓前后分别布置测气点。入仓前，在每个出料口布置一个检测点；入仓后，分别在中心、1/2 半径、距仓壁 0.5m 设三个检测点，每个点三层，上层在粮面下 0.5m，下层在扞样器可送达的深度，中层在上下层中间位置，空间浓度检测点设在粮面中心上方 1m 位置，其他同平房仓。

（3）检查供气系统　检查制氮设备及其工作环境；检查后段流程（如供气管道、进仓阀门开关情况、仓房密闭等）是否准备妥当；检查移动式制氮设备是否放置平稳、现场供电是否符合电气安全操作规程；检查安全防护装置（如呼吸器等）是否齐全、有效。

3. 充气

（1）气调工艺　气调杀虫：虫口密度达到一般虫粮及以上等级时，应及时充气杀虫，达到防治目的后，可根据情况，确定是否补气。

气调防虫：基本无虫粮，上层平均粮温超过 20℃时开始充气防虫，氮气浓度低于工艺浓度时，应及时补气。

气调储藏：无虫粮，上层平均粮温超过 25℃时开始充气储藏，氮气浓度低于工艺浓度时，应及时补气。

对新入的局部水分偏高的粮食，宜在水分平衡、粮情稳定后充气。

（2）工艺浓度　气调杀虫：维持氮气浓度 98% 不小于 28d。

气调防虫：维持氮气浓度 95%。

气调储藏：维持氮气浓度 90%~95%。

（3）充气方式　连续充气：变压吸附制氮设备可采用该工艺。从粮堆上部充气，粮面薄膜鼓起时，从地上笼风道口排气，持续充气，若排气浓度达到小于目标浓度 3%~5% 时，停止充气，开启环流风机，均匀粮堆内浓度，当检测点浓度差≤2% 时，停止环流。根据仓内浓度情况，重复上述过程，使粮堆氮气浓度达到目标浓度。若使用气囊则继续充气，使气囊隆起。

间断充气：使用变压吸附制氮设备，且进行尾气回收利用的可采用该工艺。从粮堆上部充气，地上笼风道口不排气，薄膜鼓起后，停止充气，8~12h 后开启环流风机，均匀粮堆内浓度，从地上笼风道口排气，排气氮气浓度>85% 的富氮空气可通入条件允许的其他仓；重复上述过程，逐步提高仓内氮气浓度至目标浓度后继续充气，使气囊隆起。

环流降氧：膜分离制氮设备可采用该工艺。从粮堆上部充气，地上笼风道口不排气，薄膜鼓起后，将制氮设备的空气源采集口与机械通风口相连，抽取粮堆和气囊内的富氮空气，制氮设备将富氮空气中的氮和氧分离，氮气通过进仓管道充入粮面气囊。气囊消失时，停止环流；重复上述过程，粮堆内的氮气浓度达到目标浓度后继续充气，使气囊隆起。

（4）充气操作　开启待充气粮仓的进气和排气阀门，关闭不充气粮仓的进气阀门。

按使用说明书开启制氮设备，调节氮气输出流量对目标仓房充氮。

根据制氮设备的可调节能力（空压机和冷干机余量、空气净化处理状况、吸附塔的高径比和分子筛）、充气初始阶段，以可调节的最低浓度和最大流量充气。对于气调杀虫，当仓房排气浓度达到95%时，调节变压吸附制氮设备出口浓度为99%左右或膜分离设备出口浓度为98%左右，当仓房排气浓度达到97%时，调节变压吸附制氮设备出口浓度为99.5%左右或膜分离设备出口浓度为99%左右。

充氮期间应防止薄膜破裂或脱落。

每一阶段充气结束后或粮堆氮气达到目标浓度后，先停止制氮设备，再关闭进气和排气阀门。

4. 检测与分析

充气时间可参考Q/ZCLT8—2009《氮气气调储粮技术规程（试行）》附录B测算，当粮堆氮气浓度接近目标浓度时，根据粮仓大小以及制氮设备产量每2~8h检测一次各检测点氮气浓度，检测抽气速度宜为25mL/min，检测结果填入记录表，分析氧气置换效率。

气调防治或储藏期间，每天检测一次粮堆氮气浓度，检测结果填入记录表，分析氮气衰减与气密性的关系。

5. 尾气利用

当仓内氮气浓度达到85%以上时，在充分分析后可开展尾气利用以降低气调成本。不同粮食品种之间不能进行尾气利用。

6. 散气

秋季防结露通风前，采用自然通风散气，实施冬季通风降低粮温。粮食出仓前，可采用机械通风散气，使粮堆内氧气浓度≥19.5%。

粮堆散气前1个月内，一般不补气。

（四）储藏期日常管理

1. 粮情检测

（1）按GB/T 29890—2013《粮油储藏技术规范》的规定检测三温（气温、仓温、粮温）两湿（气湿、仓湿）。

（2）新粮气调可能出现粮情不稳定（如粮温不正常）的情况，保管员应根据具体情况进仓检查。

（3）气调储藏期间，一般每半个月一次入仓检查气囊是否漏气、气囊鼓起情况，气囊内有无结露。

2. 储粮控温

参照"低温储粮的管理"章节执行。

（五）氮气气调储粮技术操作注意事项

1. 制氮机房

（1）建立制氮设备管理制度　制氮系统应由专人负责日常管理工作；其他有关人员应严格执行制度，开展相关工作，负责相应事务。

未经相关领导审批和手续证明，严禁使用制氮系统或转移有关设备。

制氮机房内禁止明火，禁止携带易燃易爆物品进入制氮机房。

未经许可严禁在制氮机房内及附近实施焊接等动火作业。

制氮作业期间，未经许可，严禁无关人员进出制氮机房。

制氮系统操作人员必须持证上岗。操作员必须经过专业技术培训或达到相关技术水平，熟悉各种设备的性能和操作方法，并经质量技术监督局颁发相关许可证，方可上岗操作。

制氮系统操作人员必须严格按照系统的运行程序操作，并做好相关记录。

制氮作业期间，必须安排专人值班，定时巡查设备运行情况。

制氮作业时，必须打开制氮机房的窗户和换气扇，保证室内排热通风顺畅。

制氮作业结束，操作员要及时关闭电源，打扫清洁，锁好门窗。

每季度要对制氮系统检修，维护与保养至少一次；损坏的设备和物品要及时报修，保证其功能正常，并做好相关记录。

制氮系统周围不允许存放杂物，管理员要定期检查整理和做好制氮系统的清洁卫生，保持机房环境的整洁干净。

（2）制氮设备压力容器罐定期报验　制氮设备压力容器属于压力设备，需要每年向当地安检部门报验，确保设备正常安全运行。

（3）分子筛　分子筛是变压吸附制氮系统的核心。分子筛的装填和压紧至关重要。分子筛装填压紧不当会导致吸附剂颗粒之间发生相互碰撞和摩擦而造成粉化。因此，分子筛必须选用经过使用验证合格的品牌厂家的产品。

（4）空气呼吸器定期维护保养要点　规范使用空气呼吸器并定期进行维护保养。使用后，要保持其通风干燥、清洁，切勿与腐蚀物品接触；要用润滑油涂抹阀门等部件表面以免锈蚀；定期对压力表进行校正等。

（5）设备必须定期维护保养

①空压机：必须制订详细的维护计划，执行定人操作、定期维护，定期检查保养，使空压机保持清洁，无油、无污垢。具体操作详见空压机使用说明书。

空压机组在运行中若出现异常现象，应及时联系厂家，必须立即查明故障原因，及时排除故障，待修复后才能继续使用。

②空气净化系统：应根据使用环境中含尘浓度的多少，定期或提前进行滤芯除尘保养。一般情况下，正常保养周期2000h，可用低压压缩空气将灰尘杂质由滤芯内表面向外吹除，或用毛刷轻轻刷除表面的积尘杂质；尘堵严重或发现破损时应及时更换滤芯，滤芯的功能直接影响主机的正常工作和使用寿命。具体操作详见空气净化系统使用说明书。

2. 安全设备有效性检查

（1）入库前必须检查安全设备的有效性　进仓前要确保空气呼吸器安全有效。防护面罩镜片、系带、环状密封、呼气阀、吸气阀完好，与供气阀连接应配套并牢固，整机气密性良好，报警起始压力控制在（5.5±0.5）MPa。

（2）佩戴呼吸器安全设备　进仓前，按照使用说明正确佩戴安全有效的空气呼吸器，并确保空气呼吸器的报警仪有效。

作业时，必须配备有效的报警仪并正确应用，同时，需3人以上进行作业，其中2人进仓，1人在仓门口负责安全值勤、递送工具、接应人员进出等工作。

（3）呼吸器安全设备整理　作业完毕后人员出仓时，要绝对保证所有人员都全部安全出仓；出仓后卸下呼吸器，对面罩进行擦洗晾干，然后整理好所有部件以备下次使用。

（4）张贴气调仓安全警示标识　对于充气后的气调仓，张贴醒目的安全警示标识。

（六）氮气系统设备常见故障处理方法

1. 冷干机

（1）高温高压跳脱　由于环境高温过高或散热差所造成，应改善通风条件，清理散热器。

（2）冷媒压力为0　制冷剂泄漏，需检修漏点，再重新添加制冷剂。

2. 过滤器

（1）自动排水器故障处理　三级过滤器前两级一般会 10~30min 排水一次，超过时间未排水，可在制氮系统控制面板上点开"手动测试"，再分别点击进入"一滤排水""二滤排水""三滤排水"。如果过滤器还不能排水，则可能是相应线路发生故障或排水电磁阀损坏。

（2）过滤器滤芯损坏　若过滤器上压差表指针超出绿色指示范围到红色区域，说明过滤器滤芯损坏，则需马上更换滤芯。

（3）过滤器使用超时　过滤器的累计使用时间超过 3000h，则需立即更换滤芯。

3. 制氮系统

制氮系统如果出现故障，需及时与厂家联系并咨询处理方法。变压吸附制氮系统可参考表8-5分析其故障原因。

表8-5　　　　　变压吸附（PSA）制氮系统故障原因及排除方法表

故障现象	故障原因	排除方法
氮气纯度低	滤芯未及时更换，分子筛被油污染	更换滤芯和分子筛
	操作压力低于设计值	检查空压机排气压力及进气管有无漏点，并排除
	出口流量大于设定值	慢慢关小流量阀 JV-2 及 JV-3，直至氮气流量降至合理水平
	氮气分析仪长时间没有校正	重新校正氮气分析仪
	分析仪氧电极失效	更换分析仪氧电极
	清洗阀 LV-2 开度过小	调整 LV-2 开度
	冷干机除水效果差，大量水分带入吸附塔	检修冷干机
氮气产量低	阀门 JV-3 开度偏小	慢慢开大送氮阀 JV-3，氮气产量增大，耐心调至合理水平
	进气压力低	检查压缩机压力设置，必要时调整设置参数（加卸载压力参数）

续表

故障现象	故障原因	排除方法
氮气产量低	进气量少	开大供气阀 JV-1 过滤器滤芯老化，阻力增大，若其阻力大于 0.035MPa 则需更换 检查压缩机空气滤清器是否堵塞，太脏则更换检查管路及阀门附件，如有漏点则需排除 空压机排气量不够，检查过滤芯，有无异物阻塞
阀位混乱，没有按照要求切换	PLC 数据漂移，失控	与制造商联系，要求重新输入程序
	电磁阀损坏	更好电磁阀
	仪表空气压力低	调高仪表气源压力
氧传感器失效报警	传感器使用时间到期标校故障	更换氧浓度传感器（氧电极） 检查标校电磁阀的动作是否正常，调整标校气气量
氧传感器更换提示	传感器需要进行更换	更换传感器
过滤器滤芯更换提示	空气过滤器滤芯超过使用寿命时间	更换滤芯
安全阀检验提示	安全阀检验超过规定校验期	送压力容器检验部门检验，或者更换
活性炭更换提示	活性炭使用超期	更换活性炭
冷干机故障报警	冷干机故障报警未启动，冷媒压力偏低或显示 0	检查冷干机面板上的冷媒压力表和高温跳停开关 检查冷媒是否泄漏并补充
空压机故障报警	空压机出现故障	通过空压机控制器上的文本显示信息判断停机故障

4. 空压机

空压机故障原因及排除方法和对策见表 8-6。

表 8-6　　　　　　　　　空压机故障原因及排除方法和对策表

故障现象	可能产生的原因	排除方法及对策
压缩机无法启动	保险丝烧断 启动电气烧断 启动电钮接触不良 电路接触不良	请电气人员检修更换

续表

故障现象	可能产生的原因	排除方法及对策
压缩机无法启动	电压过低 主电机故障 主机故障（异常声、局部发烫） 电源缺相 风扇电动机过载	请电气人员检修更换
运行电流高，压缩机自动停机（主电机过热报警）	电压太低	请电气人员检查
	排气压力过高	检查/调整压力参数
	精油分离器堵塞	更换新件
	压缩机主机故障	机体拆检
	电路故障	请电气人员检查
排气温度低于正常要求	温控阀失灵	检修清洗或更换阀芯
	空载过久	加大空气消耗量
	排气温度传感器失灵	检查、更换
	进气阀失灵，吸气口未全打开	清洗、更换
排出温度过高，压缩机自动停机（排气温度过高报警）	润滑油量不足	检查添加油
	润滑油规格/型号不对	按要求更换新油
	油过滤器堵塞	检查更换新件
	油冷却器堵塞或表面污垢严重	检查清洗
	温度传感器故障	更换新件
	温控阀失控	检查清洗、更换新件
	风扇及冷却器积尘过多	拆下清洗、吹净
	风扇电动机未运转	检查电路及电扇电动机
排出气体含油量大	油气分离器破损	更换新件
	单向回油阀堵塞	清洗单向阀
	润滑油过量	放出部分润滑油
压缩机排气量低于正常要求	空气滤清器堵塞	清洗杂质或更换新件
	精油分离器堵塞	更换新件
	电磁阀漏气	清洗或更换新件
	气管路元件泄漏	检查修复
	皮带打滑、过松	更换新件、张紧皮带
	进气阀不能完全打开	清洗、更换受损件
从空气滤清器吐油	进气阀内的单向阀弹簧失效或单向阀密封圈损坏	更换损坏的元件

续表

故障现象	可能产生的原因	排除方法及对策
安全阀动作喷气	安全阀使用时间长，弹簧疲劳	更换或重新调定
	压力控制失灵，工作压力高	检查重新调定

三、二氧化碳气调的操作与管理

二氧化碳气调储粮，即在气密性良好的粮仓内充入二氧化碳气体，改变仓房及粮堆内气体组成成分，防治储粮害虫、抑制有害微生物，抑制粮食呼吸，延缓粮食品质下降的储粮技术。

（一）二氧化碳气调储粮系统的组成

二氧化碳气调储粮系统包括仓房、二氧化碳供气系统，二氧化碳检测系统，气体环流设施，压力调节装置，氧呼吸器，粮情测控系统，机械通风系统。

1. 仓房

（1）仓房的基本要求　仓房的基本要求应符合 GB/T 29890—2013《粮油储藏技术规范》的有关规定。

（2）气密性要求　空仓 500Pa 降至 250Pa 的压力半衰期>300s。实仓 500Pa 降至 250Pa 的压力半衰期>240s。

2. 二氧化碳供气系统

二氧化碳供气系统包括低温液体二氧化碳储运设备、汽化器、安全阀、减压阀、输气管道及相应压力表、流量计等。

3. 二氧化碳检测系统

二氧化碳检测系统包括二氧化碳气体分析器、气体取样管路等。

4. 气体环流设施

根据仓房大小选择环流风机，使空气置换率>0.05%/h。

5. 压力调节装置

可控制仓内外压力差在 0~1000Pa，可调。

6. 氧呼吸器

配置 3 套以上氧呼吸器。氧呼吸器每次有效使用时间>1h。

7. 粮情测控系统

符合 GB/T 26882.1—2011《粮油储藏　粮情测控系统　第 1 部分：通则》的要求。

8. 机械通风系统

符合 LS/T 1202—2002《储粮机械通风技术规程》的要求。

（二）二氧化碳气源

用于原粮储藏的液体二氧化碳，其质量应符合 GB/T 6052—2011《工业液体二氧化碳》的要求。用于成品粮储藏的液体二氧化碳，其质量应符合 GB 1886.228—2006《食品安全国家标准　食品添加剂　二氧化碳》的要求。

（三）操作要求

1. 粮食入仓

粮食入仓前对空仓进行气密性检测及密封处理（要求空仓 500Pa 降至 250Pa 的压力半衰期>300s）。

粮食入库前布设仓内二氧化碳分配管路，通风风道可作为二氧化碳气体分配管路。

入仓粮食水分在当地安全储存水分标准以内。

2. 充气前的准备

充气前至少在仓内布设 7 个二氧化碳检测点，位置分别为：仓房中部的仓顶、粮面、粮堆上层（堆高四分之三处）、中层（堆高二分之一处）、下层（堆高四分之一处）、仓房空间中部、排气口。

进行气密性检测及密封处理。要求实仓 500Pa 降至 250Pa 的压力半衰期>240s。

进行输气管道泄漏性试验与气密处理，确保二氧化碳输气管路气密性。

检查并保证各个阀门操作的灵活性，流量表（流量计）、压力表（压力计）正常工作。

按使用说明书调试和校验二氧化碳检测系统。

检查并保证供气系统、气体环流、粮情测控系统等能正常工作。

检查压力调节装置，确保正常工作。

气源准备：准备的气源较预期充气量增加 0.5~1.0t。

按 GB/T 29890—2013《粮油储藏技术规范》规定检测仓内粮堆害虫密度。

密闭仓房，仓房的每个门都加锁并张贴警示标志。

3. 充气

（1）充气时机　害虫密度达到 6~30 头/kg、主要害虫密度达到 3~10 头/kg 时，即可对粮堆实施充二氧化碳。充气宜连续进行，且充气过程中的仓内外压力差<300Pa。

（2）工艺要求　各检测点二氧化碳浓度维持 35% 以上的时间>15d。

（3）充气操作程序　关闭其他仓房的进气阀门，关闭充气仓房的环流阀门，开启充气仓房的进气阀门。

根据充气流量的需要，逐渐开启一台或数台汽化器；开启气体流量控制阀门；打开汽化器进液阀门，各进液阀门的开启度应基本一致；缓慢开启二氧化碳储槽排液阀门向汽化器排液；分别缓慢开启一级与二级减压装置的前后阀门；根据气化量缓慢调整二氧化碳储槽排液阀门开度大小，并相应调整一级与二级减压装置的前后阀门，使气化稳定后一级减压阀前的压力为（1.0±0.2）MPa。

（4）停止充气　停止充气条件：各检测点加权平均浓度达到表 8-7 所示的目标浓度。各检测点加权平均浓度按 LS/T 1213—2008《二氧化碳气调储粮技术规程》附件 D 计算。

表 8-7　　　　　　　　　　　不同气密性条件下的充气目标浓度

实仓压力半衰期/s	目标浓度/%
240	80
300	70
360	60

停止充气操作程序：依次关闭液体二氧化碳贮槽排液阀门、汽化器进液阀门、粮仓进气阀门，密闭排气口。

4. 环流

充气完成后 2h 内开启环流风机，各检测点二氧化碳浓度高于 35%，且最低浓度与最高浓度比在 0.85 以上时关闭环流风机，并在 15d 内再适时环流以促进二氧化碳均匀分布。

5. 补气

充气后 15d 内仓内检测点二氧化碳浓度维低于 35% 时，应及时补气。

补气完成后应及时环流，促进二氧化碳均匀分布。

6. 气调储藏

各检测点二氧化碳浓度维持 35% 以上的时间达到 15d 后，仓内粮食继续在密闭条件下储藏，让仓内二氧化碳自然衰减。

7. 散气

秋冬季节，当环境温度低于粮温时应适时开窗散气，并采用机械通风排除粮堆内二氧化碳气体和降低粮温。

粮食出仓前，应通风散气，使粮堆内二氧化碳浓度值<0.5%。

8. 粮食出仓

粮食出仓操作符合 GB/T 29890—2013《粮油储藏技术规范》的相关要求。

9. 安全管理及注意事项

操作低温液态二氧化碳供气管路时应戴手套，防止冻伤。

操作人员的皮肤因接触低温液体或低温气体而被冻伤时，应及时将受伤部位放入温水中浸泡或冲洗，严重的冻伤应迅速到医院治疗。

气调储粮期间，应减少进仓操作。仓内二氧化碳浓度在 2% 以上，需要进仓检查时，入仓人员应佩戴氧呼吸器，氧呼吸器每次有效使用时间>1h，仓外至少有 2 人监护，确保安全。

人员出现二氧化碳中毒的症状，应立即送到空气新鲜处，保持温暖和安静。如果停止呼吸或表现危险症状，应立即进行人工呼吸急救，及时送医院救治。

粮食仓库安全管理

第一节　安全生产

安全生产是粮食仓库安全的头等大事。近年来，我国粮食仓库安全生产事故时有发生，造成人员伤亡和财产损失。减少事故损失，防止事故的再发生，已成为当前粮食仓库安全生产的重要和紧迫的课题。

一、粮食仓库安全生产工作的特点

各行各业的安全生产都有其自身的特点，粮食仓库安全生产工作的特点：

第一，在粮食流通的购、销、调、存、加等环节，尤其是储藏、运输、加工环节，要使用设施设备，就必须加强设施设备的管理，确保设施设备安全；

第二，粮食在储藏过程中，必须有效防止粮食霉烂变质和污染，确保储粮安全；

第三，粮食易遭受害虫侵蚀，经常需要用药剂熏蒸，而应用的化学药剂多为易燃易爆、有毒有害物质，因此必须严加管理，防止安全事故的发生；

第四，粮食是易燃物质，并且遇水膨胀造成胀库容易引发安全事故和霉烂变质，因此，粮食的防火防汛也是粮食仓库安全管理的一项重要工作；

第五，粮食仓库安全生产工作，当前面临"新"挑战。"新企业""新设施""新技术""新设备""新员工"给粮食仓库的安全生产工作带来新的挑战。

新企业。据有关资料，近几年，我国每年进入粮食仓库的非国有企业增幅较大，呈两位数增长趋势。这些企业没有从事粮食仓储工作的经验、人才和设施，极易发生安全生产事故。

新设施。由于新建仓房的密闭效果越来越好，在新收粮食入仓后较强的呼吸作用下，可能造成仓内缺氧的情况，给入库作业人员的安全带来新的隐患，也给呼吸面具提出更高的要求，不可不重视这一新情况。

新技术。新技术的推广应用带来新的安全隐患。新技术如果应用不当，容易造成安全生产事故。

新设备。新设备的大量使用，对安全管理是一个挑战。主要问题是：一些设备本身结构不安全；二是操作人员的素质有待提高；三是设备越来越大、越重、越高。

新员工。新员工缺乏安全生产知识与技能。目前，粮食仓库员工面临新老交替问题。新入职的员工，尤其是临时工和外来工，缺乏必要的安全生产培训，没有经过长期的生产实践锻炼，容易出现安全生产事故。

二、粮食仓库安全生产事故的主要种类

粮食仓库根据事故性质等特点，基本归纳为以下几个方面。

1. 储粮安全事故

由于管理不善、采取的技术不当导致粮食霉烂、粮食变质降等、粮食污染等事故。

2. 仓储设施事故

由于仓房不按规范设计施工、不按设计高度装粮、违反操作规程进出粮、维修保养不及时等导致仓储设施倒塌，人员被砸伤亡或被埋入粮堆窒息死亡等事故。

3. 机械设备事故

由于机械设备存在质量缺陷、违规操作、保养不当等，造成人员伤亡事故。

4. 库内交通事故

在粮食收购、货运站台、码头船舱等狭窄而又人员聚集的场地，由于人们安全意识淡薄，思想麻痹大意造成的交通事故，如装（卸）粮车倒车或行车剐蹭导致人员伤亡等。

5. 化学药剂事故

储粮化学药剂在采购、运输、使用、保管过程中，由于违规，导致药剂丢失、误服、粮仓熏蒸燃爆、人员中毒伤亡等事故。

6. 窒息伤亡事故

一种是在密闭性能好的筒仓、油罐和气调储粮仓，往往由于违规作业，发生缺氧窒息伤亡事故。

7. 火灾事故

由于违规使用明火作业、线路老化、雷电等外来火源，不慎引燃储粮资材和粮食的火灾事故。

8. 粉尘爆炸事故

筒仓、浅圆仓或粮食加工车间等长时间作业场所，由于粉尘聚集，没有及时清除，当空气中粉尘浓度过高，一旦火源管理不到位，遇火星引发的爆炸事故。

9. 植物油库事故

由于植物油罐设计施工不规范、储存管理不到位、违反操作规程等，可能造成油脂泄漏、油脂酸败、人员伤亡等事故。

10. 自然灾害事故

由于洪涝、冰雪、大风、冰雹引发的粮仓倒塌、冲毁、人员伤亡的事故。

粮食仓库发生事故的原因主要是以下几个方面：一是操作人员不懂操作技术；二是虽懂操作技术，但工作中不按安全操作规程办事，思想麻痹；三是工作中一时疏忽；四是某些设备陈旧破损，没有及时更换等。

三、粮食仓库搞好安全生产的主要措施

（一）加强组织领导，落实岗位责任

粮食行政管理部门和粮食企事业单位各级领导，必须认真贯彻执行"安全第一，预防为主，综合治理"方针，以高度的政治责任感，进一步提高认识、增强责任心、突出重点，加强对安全生产工作的领导，做到人员、经费、物资三落实，确保安全生产有人管，具体工作有人做。同时，进一步落实安全生产责任制，将安全生产责任层层分解到单位、部门、班组、岗位，特别是强化各单位安全生产的主体责任，加大责任追究力度，对严重忽视安全生产的，不仅要追究事故直接责任人的责任，还要追究有关负责人的领导责任。

（二）健全规章制度，建立长效机制

建立健全各项安全生产规章制度和安全生产操作规程，加大安全生产法律法规、安全操作规程和安全生产规章制度的执行力度，层层落实安全生产责任，并制定安全生产管理目标，严格进行考核，努力构建安全生产的长效管理机制。建立和完善安全生产事故应急预案，并定期组织学习、演练，增强粮食仓库对安全事故和突发事件的快速反应能力及应急处理能力。

建立健全各项安全生产规章制度，一般包括：安全生产管理工作制度；安全防火制度；安全防汛制度；安全保卫制度；安全用电制度；各工种岗位安全责任制度等。

（三）加大宣传力度，普及安全知识

以各种形式在行业内开展安全生产知识宣传教育活动，提高全员安全意识；认真组织广大干部职工认真学习安全生产法律法规、政策制度和上级有关文件精神，把学习岗位安全生产应知应会知识和掌握安全生产基本技能演练等活动引向深入，加强安全文化建设，规范员工的安全意识和行为理念。通过电视、广播、标语、通告、微信短信 App 警示牌等媒介宣传，进一步提高全体员工的安全意识，坚决杜绝违章作业，确保万无一失。并要通过安全宣传教育，增强广大群众的自防自救能力。对新职工实行先培训、后上岗。

（四）认真排查整改，消除安全隐患

坚持周检制度和定期组织安全大检查，切实加强对库内储粮、设施设备、化学药剂、防火防汛、用电安全等进行全面的检查，通过安全检查和普查等形式，做好安全隐患、设备缺陷和重大危险源的排查、登记、整治等工作，对重大安全隐患，明确整改责任人、整改期限和整改效果，彻底排除各类事故隐患。

（五）突出工作重点，强化安全监管

坚持把防范重特大粮食仓库安全生产事故作为应急管理的基本任务。粮食仓库安全生产应把设施设备安全、药剂安全、仓内窒息死亡、收购等狭窄场地作业安全、粮食仓库防火防汛等作为事故防范的重点，严格执行安全生产作业规程，切实落实各项安全防范措施，对安全生产薄弱环节，要增设防护设施，警示标牌，完善制度，落实责任，强化班组安全管理，现场安全管理。坚持不伤害自己、不伤害别人、不被别人伤害的"三不伤害"原则，严格遵守岗位安全操作规程，杜绝违章指挥，违章作业。加强对储粮、资财等物质的管理，杜绝各种安全事故的发生。

（六）确保安全投入，完善安全设施

加大对粮食仓库安全生产的投入，搞好安全生产的硬件建设和粮食设施建设，改善安全生

产环境和作业条件，为实现粮食仓库安全生产提供良好的硬件基础，提高防范各类安全事故的能力。

（七）加强队伍建设，提高管理水平

加强安全生产管理队伍建设，加大对干部、员工安全教育培训的力度，定期开展防事故预案演练，增强干部职工遵章守规意识，提高干部职工的安全操作技能，使粮食仓库安全生产管理逐步走向知识化、专业化、规范化，增强职工群众应对突发事件的能力和火场逃生自救的能力，从整体上提高粮食仓库安全生产应急管理水平。

四、粮食仓库作业安全规则

（一）库区安全规定

进入库区的职工，工作服（鞋、帽）必须穿戴整齐；上班前和工作时间不准喝酒，工作期间不得擅离岗位；所有作业人员必须持证上岗，严禁非特殊工种作业人员进行特殊工种的操作。新职工必须经过安全教育和培训，考核合格后方可上岗。

粮食仓库应按要求设置交通指示标识，进入库区的车辆，驾驶员应严格按库内交通标识行驶，必须限速行驶，严格按照指定路线行驶，机动车在粮食仓库道路行驶限速 10km/h，严禁超速行驶。

车辆进入仓库装、卸粮时，必须有人现场指挥及监督倒车进入指定点。驾驶员应听从粮食仓库管理人员的指挥，禁入粮食仓库非指定区域。机动车辆装、卸车前，应放好车轮停位器，以防车辆移动伤人。作业人员应检查作业空间、车辆、设备、设施状况，确认无安全隐患后方可作业，严禁自行装卸。

铲车作业时，严禁人员站在驾驶室外的踏板处指挥作业。严禁铲车、叉车载人。

机动车辆过磅时，应直线行驶并停在秤台中心，缓刹车停稳后并制动手刹，发动机必须熄火。

作业区域内，严禁非作业停车和无关人员逗留。

（二）作业安全规定

粮食入仓时，粮堆高度一律不得超过安全存粮线；在封挡粮门时，安装应从下而上，每扇挡粮门板必须不漏粮，扣紧稳固。

凡高空作业时，楼梯头尾必须有防滑保护，人在梯上作业，梯下必须有专人固梯保护，高空作业要扎好安全带。

库区需明火作业时，应事先报库主任批准，并落实好各项防护措施才能作业。

储粮安全、仓储设施安全、密闭空间作业安全、机械设备作业安全、化学药剂使用安全、消防安全、安全防汛等作业安全规定，详见本书有关章节。

第二节　安全用电

粮食仓库对电的需求巨大。粮食出入库过程中，粮食检验设备、计量设备、机械输送设备、粮食干燥设备需要电；粮食储藏过程中，熏蒸杀虫、粮堆通风、粮堆冷却的设备需要电；

粮食加工需要电；照明需要电等。电对人类的生产生活带来了极大的好处，但人如果不小心，会被电击，轻者受伤，重者毙命；如不小心，电会引起火灾，危及人的生命财产；如果突然断电，会给人类生产生活带来不便，甚至会引发各种事故。此外，不适当的电磁波辐射对人体也有害。因此，安全用电是粮食仓库的一项重要工作，必须制定一系列用电规章制度，严格执行操作规程，普及安全用电知识。

一、用电安全操作规程

（1）电气操作人员应思想集中，电器线路在未经测电笔确定无电前，应一律视为"有电"，不可用手触摸，不可绝对相信绝缘体，应认为有电操作。

（2）工作前应详细检查自己所用工具是否安全可靠，穿戴好必需的防护用品，以防工作时发生意外。

（3）维修线路要采取必要的措施，在开关手把上或线路上悬挂"有人工作、禁止合闸"的警告牌，防止他人中途送电。

（4）使用测电笔时要注意测试电压范围，禁止超出范围使用，电工人员一般使用的电笔，只许在500V以下电压使用。

（5）工作中所有拆除的电线要处理好，带电线头包好，以防发生触电。

（6）所用导线及保险丝，其容量大小必须合乎规定标准，选择开关时必须大于所控制设备的总容量。

（7）工作完毕后，必须拆除临时地线，并检查是否有工具等物漏忘在电杆上。

（8）检查完工后，送电前必须认真检查，看是否合乎要求并和有关人员联系好，方能送电。

（9）发生火警时，应立即切断电源，用四氯化碳粉质灭火器或黄沙扑救，严禁用水扑救。

（10）工作结束后，必须全部工作人员撤离工作地段，拆除警告牌，所有材料、工具、仪表等随之撤离，原有防护装置随时安装好。

（11）操作地段清理后，操作人员要亲自检查，如进行送电试验一定要和有关人员联系好，以免发生意外。

二、安全用电措施

（1）思想重视。自觉提高用电意识和觉悟，坚持"安全第一，预防为主"的思想，确保生命财产安全，从内心真正重视安全，促进安全生产。

（2）库内的电气设备，不要随便乱动。自己使用的设备、工具，如果电气部分出了故障，不得私自修理，也不得带故障运行，应立即请电工检修。

（3）本人经常接触和使用的配电箱、配电板、闸刀开关、按钮开关、插座、插销以及导线等，必须保持完好、安全，不得破损或将带电部分裸露出来，如有故障及时通知电工维修。

（4）电器设备的安装、维修应由持证电工负责。

（5）对规定使用接地的用电器具金属外壳做好接地保护或加装漏电保护器，不要忘记用三线插座、插头和安装接地线。对于接地或接零的设施要经常进行检查。

（6）带有机械传动的电器、电气设备，必须装护盖、防护罩或防护栅栏进行保护才能使用，不能将手或身体其他部位伸入运行中的设备机械传动位置，对设备进行清洁时，须确保在切断电源、机械停止工作，并确保安全的情况下才能进行，防止发生人身伤亡事故。

（7）应十分熟悉操作设备的性能。要按操作规程正确地操作电器设备，开启电器设备要先开总开关，后开分开关；关闭电器设备要先关闭分开关，后关闭总开关。

（8）掌握正确触摸电器设备的方法：操作开关要单手；不要戴厚手套操作。同时操作开关时脸部要背向开关，以防开关出现故障而灼伤脸部。电器设备送电后，要先用手指末端的背部轻触设备判断是否漏电（不能轻信自动开关），在确保安全的前提下进行生产。

（9）确保电器设备良好散热散湿。不能在其周围堆放易燃易爆物品及其他杂物，防止因散热不良而损坏设备或引起火灾；在湿度较大的地方使用电器设备，应确保室内通风良好，避免因电器的绝缘变差而发生触电事故。

（10）库内的移动式电器设备都必须安装使用漏电保护开关，实行单机保护。漏电保护开关要经常检查，每月试跳不少于一次，如有失灵立即更换。保险丝烧断或漏电开关跳闸后要查明原因，排除故障才可恢复送电。

（11）需要移动某些非固定安装的电器设备必须先切断电源再移动。同时导线要收拾好，不得在地面上拖拽，以免磨损。

（12）不能私拉私接电线。不能在电线上或其他电器设备上悬挂衣物或杂物，不能私自加装使用大功率或不符合国家安全标准的电器设备，如有需要，应向有关部门提出申请审批，由电工人员进行安装。

（13）不能私拆灯具、开关、插座等电器设备，不能使用灯具烘烤衣物或挪作其他用途；当漏电保护器（俗称漏电开关）出现跳闸现象时，不能私自重新合闸。当设备内部出现冒烟、拉弧、焦味等不正常现象，应立即切断设备的电源（切不可用水或泡沫灭火器进行带电灭火），并通知维修人员进行维修，避免扩大故障范围和发生触电事故。

（14）湿手或赤脚不要接触开关、插座和各种电源接口，不要用湿布抹照明用具和电器设备。

（15）发现电线破损要及时更换或用绝缘胶布扎好，严禁用普通胶布或其他胶带包扎。不能用电线直接插入插座内用电。

（16）熟悉自己生产现场总闸的位置，一旦发生火灾、触电或其他电气事故时，应第一时间切断电源，避免造成更大的财产损失和人身伤亡事故。

（17）千万不要用铜丝、铝丝、铁丝代替保险丝，空气开关损坏后立即更换，保险丝和空气开关的大小一定要与用电容量相匹配，否则容易造成触电或电器火灾。

（18）未经有关部门的许可不得擅自进入配电房或电气施工现场。

（19）珍惜电力资源，养成安全用电和节约用电的良好习惯，当要长时间离开或不使用时，要切断电源的情况下才能离开。不使用电器时要关闭电源。照明设备的开关、闸刀应移至库外，库内用电做到人离电断。

（20）发现有人触电，千万不要用手去拉触电者，要尽快拉开电源开关、用绝缘工具切断电线，或用干燥的木棍、竹竿挑开电线，立即用正确的人工呼吸法进行现场抢救。拨打120急救电话报警。

（21）在遇到高压电线断落到地面时，导线断落点10m以内禁止人员入内，以防跨步电压触电，不要跨步奔走，应单足或并足跳离危险区。

（22）在雷雨天，不要走近高压电杆、铁塔、避雷针的接地导线周围20m以内，以免雷击时产生雷电流发生跨步电压触电。

确保粮食仓库用电安全，电气设备必须有专人管理，并由正式电工进行安装、检查、维修和保养；在库区和仓房内使用电器设备时，必须严格遵守操作规程。

第三节　安全保卫

一、安全保卫原则

粮食仓库的安全保卫工作是粮食仓库日常工作的一个组成部分。为确保粮食仓库安全，必须提高全库职工安全意识，按照"谁主管、谁负责"的原则，把安全保卫工作落实到每个仓、每个人、每个部位、每个环节。

二、安全保卫措施

（1）建立安全保卫组织，主动配合各有关部门，依靠广大人民群众，做好安全保卫工作。

（2）建立健全安全保卫管理制度。

（3）经常对全体职工进行安全教育，定期检查安全保卫制度执行情况。做到思想、组织、措施三落实，确保粮食仓库安全。

（4）切实加强工作责任，落实门卫职责，禁止无关人员进入库区。对非库区人员要进行询问登记，外单位车辆要办理进出手续，严禁任何人携带易燃易爆物品进入仓库。

（5）建立值班与夜间巡查制度，节假日与收购入库旺季更要特别加强安全保卫工作，经警或值班人员要加强库区巡逻，压实安全责任，切实做到"四防"（防火、防盗、防爆、防事故发生）。

（6）粮食仓库人员必须严守国家机密，对仓库容量、库存数据、保卫措施及重要文件等一律不准泄露。

（7）库区内禁止一切娱乐活动。

（8）建立安全责任制，以防止人员伤亡、设施损坏及储备粮食、现金、票证丢失和火灾等事故发生。

（9）粮食仓库如发生事故，要按工作流程及时上报相关部门，并立即组织人员积极抢救，尽可能减少损失。不得以任何理由拖延抢救，贻误时间。对事故处理，按照事故原因不清的不放过、事故责任者没有受到教育的不放过、没有采取防范措施不放过的"三不放过"原则，严肃处理。对触犯刑律的责任人，要报请司法部门追究刑事责任。

第四节　消防安全

火灾，是指火源失去控制蔓延发展而给人民生命财产造成损失的一种灾害性燃烧现象。火灾还是一种终极型灾害，任何其他灾害最后都可能导致火灾。火灾能烧尽人类经过辛勤劳动创造的物质财富，使工厂、仓库、城镇、乡村和大量的生产、生活资料化为灰烬，一定程度上影响着社会经济的发展和人们的正常生活。火灾还污染大气，破坏生态环境。火灾不仅使一些人陷于困境，它还涂炭生灵，夺去许多人的生命和健康，造成难以消除的身心痛苦。

在各种灾害中，火灾是最经常、最普遍威胁公众安全和社会发展的主要灾害之一。

一、粮食仓库火灾的主要危险源及火灾危险等级

（一）主要危险源

可燃物质、助燃物质、火源是物质燃烧的三要件。粮食仓库储存的粮食、油脂、油料等都是可燃物质，仓库大量使用的垫木、芦席、麻袋、油布、非阻燃的仓房保温材料、砖木结构仓房等都是易燃物质；空气（氧气）是助燃物质；着火源多：粮食烘干火源管理不善导致粮食起火；搬运、堆码、筛理、加工、输送、油厂榨油操作等过程中产生明火，储粮化学药剂使用不当引起燃爆；电器设备电路过载、短路、接地不良、绝缘皮破损等产生火花；外来人员或车辆带入火种；附近烟囱飞火落入堆场；架空电线短路火花溅落到粮囤之上；粮食仓库内避雷设施不全或年久失修，遭受雷击起火。因此，粮食仓库是容易发生火灾的地方。

（二）火灾危险等级

根据国家标准火灾危险等级分为三类。

（1）严重危险级　火灾危险性大，可燃物多，起火后蔓延迅速，扑救困难，容易造成重大财产损失的场所；

（2）中危险级　火灾危险性较大，可燃物较多，起火后蔓延较迅速，扑救较难的场所；粮食仓库属于中危险级。

（3）轻危险级　火灾危险性较小，可燃物较少，起火后蔓延较缓慢，扑救较易的场所；

二、火灾分类

根据 GB/T 4968—2008《火灾分类》（2008 年 11 月 4 日发布，2009 年 4 月 1 日实施），火灾可燃物的类型和燃烧特性，分为 A、B、C、D、E、F 六大类。

A 类火灾是指固体物质火灾。这种物质通常具有有机物质性质，一般在燃烧时能产生灼热的余烬。如木材、干草、煤炭、棉、毛、麻、纸张等火灾。

B 类火灾是指液体或可熔化的固体物质火灾。如煤油、柴油、原油、甲醇、乙醇、沥青、石蜡、塑料等火灾。

C 类火灾是指气体火灾。如煤气、天然气、甲烷、乙烷、丙烷、氢气等火灾。

D 类火灾是指金属火灾。如钾、钠、镁、钛、锆、锂、铝镁合金等火灾。

E 类火灾是指带电火灾。物体带电燃烧的火灾。

F 类火灾是指烹饪器具内的烹饪物（如动植物油脂）火灾。

粮食仓库通常发生的火灾为 A 类、B 类和 F 类。

三、粮食仓库火灾案例

2013 年 5 月 31 日下午，黑龙江省大庆市林甸某粮食仓库由于皮带输送机配电箱导线绝缘皮破损短路，发生火灾。事故共造成 78 个露天储粮囤、储量 4.7 万 t 的粮食表面过火。其中玉米囤 60 个，储量 3.4 万 t；水稻囤 18 个，储量 1.3 万 t。在事故现场（图 9-1）可以看到，大

量粮食表面烧焦和炭化。直接经济损失 307.9 万元。

1. 事故发生及救援情况

2013 年 5 月 31 日 4 时许，该库力工队长黄某带领 32 名员工，按照粮食仓库副主任于某的要求，进行粮食攒堆作业。其中员工陈某、闫某二人在 12 号砖混储库附近的"林 LC 临时 01"号临时储位"林 LC 临时 02"号临时储位之间的地面，负责操作皮带式输送机向"林 LC 临时 02"号储位上方输送玉米，配合粮堆上方的赵某等 14 人进行攒堆作业。

12 时许，作业人员分班吃饭后，继续进行"林 LC 临时 02"号储位攒堆作业。13 时 15 分左右，"林 LC 临时 02"号粮堆上方的赵某发现地面上操作皮带式输送机的陈某身后"林 LC 临时 01"储位苫盖玉米堆的苇栅着火，随即呼叫他人施救。同时，电话通知本单位消防车实施灭火救援。粮食仓库副主任罗某接到火警报告后，带领 60 余人展开扑救，同时打电话报警。受当日高温、大风极端恶劣天气影响（据林甸县气象局记录，当日气温最高达 35.4℃，风速最高 18.5m/s，风力 8 级），"林 LC 临时 01"号玉米堆的火势随风力顺势蔓延，大火引燃其他 79 个粮囤、攒堆货位的苇制苫盖物，形成连营火灾。

图 9-1　火灾现场

接到事故报警后，县公安消防大队出动 6 台消防车，于 13 时 38 分赶到现场进行扑救，并向市消防支队和临近县区、厂矿消防队发出增援请求。随后，大庆市 4 支主要消防队伍、24 台车辆、109 名指战员、150 名民兵陆续赶到现场控制火势。经过紧急救援，16 时 30 分大火被扑灭。

事故当天，全县暂停城内所有建筑工地施工，急速调集各类铲车、翻斗车等运输工具 30 余台参与扑火、抢运等救援工作。

2. 事故主要原因

粮食仓库作业过程中，皮带式输送机在振动状态下电源导线与配电箱箱体孔洞边缘产生摩擦，导致电源导线绝缘皮破损漏电并打火，引燃可燃物苇栅和麻袋，并蔓延至其他 79 个粮囤、攒堆货位的苇栅苫盖物。

该库安全生产主体责任不落实，现场安全管理混乱。违反《××粮食仓库作业现场安全防火制度》第十条"五级以上大风禁止室外明火作业、六级以上大风禁止室内外一切作业"的规定，在恶劣天气条件下违章指挥作业人员进行运粮和攒堆作业。

四、粮食仓库发生火情时的应急处置

发生火情时，现场作业人员应立即报告粮食仓库带班负责人，并立即灭火，灭火人员应采取安全防护措施。粮食着火，用水灭火；油脂着火用泡沫灭火；磷化铝着火，应用干粉、干燥沙土或二氧化碳灭火器灭火，严禁用水、泡沫和酸式灭火器灭火；烘干机着火时，应立即关停风机，同时加快入潮粮和排粮速度，防止加大火情；电气着火，应先切断电源，后用二氧化碳、干粉灭火器灭火；电气焊作业时周边着火，应先切断电源，移走氧气瓶、乙炔瓶；交直流电焊机冒烟或着火时，应先关闭阀门，用干粉灭火器或带喷嘴的二氧化碳灭火器灭火。

发生火灾时，现场作业人员应立即报告粮食仓库带班领导，同时拨打 119 电话，报告单位名称、地址、火灾情况、着火物质、联系电话等，并派人在路口接应消防车。在不危及人员安全情况下，现场作业人员应开展自救，无法自救时，应立即疏散人员。如有人受伤，应立即拨打 120 电话。

五、粮食仓库安全防火的主要措施

（1）认真贯彻"以防为主、防消结合"方针和实行"谁主管谁负责"的原则，制定和完善消防安全责任制，签订消防安全目标责任状。制定用火、用电等一系列的消防安全制度，制定消防安全操作规程，建立防火档案。制定火灾应急预案。

（2）组建专职消防队。超过一定规模的粮食仓库，应当结合自身实际，组建专职消防队伍。根据预案，强化日常训练，定期组织消防演练。

（3）按照粮食仓库消防管理的有关要求，配好配足消防器材、设备和设施。在粮食仓库建设时，需提前谋划好本企业的消防水源，以确保发生火灾时，有足够的水来灭火。

（4）加强制度化的消防安全管理。根据生产区域划分消防责任区，确定负责人，确定消防安全责任人，确定消防安全重点部位，重点监控，并设置防火标志。

实行每日防火巡查，并建立巡查记录。建立值班、巡夜制度，认真做好值班记录和交接班手续，在假期、节日更要加强。

（5）加强消防安全知识宣传教育，定期对专、兼职消防员，重点工作人员，新入职职工等人群进行消防知识培训，掌握消防中的"四懂四会"：懂得岗位火灾的危险性，懂得预防火灾的措施，懂得扑救火灾的方法，懂得逃生的方法；会使用消防器材，会报火警，会扑救初起火灾，会组织疏散逃生。增强对火灾危害性的认识，学习实用的灭火技巧，提升自防自救能力，提高职工"四个能力"（检查消除火灾隐患能力，扑救初期火灾能力，组织疏散逃生能力，消防宣传教育能力）水平。根据单位实际，定期组织消防演习，不断修订和完善应急预案，提高预案的科学性和实用性。

（6）库区内严禁堆放易燃易爆物品。消防箱和消防栓前严禁堆放其他物品。仓与仓之间，仓与生产设施之间，都应保持必要的防火距离。库区内道路严禁停放各种车辆，保持道路通畅。保障疏散通道、安全出口畅通。

（7）库区内严禁吸烟，严禁燃放烟花爆竹，严禁在库区内进行氧焊和电焊等明火作业。因工作需要的动火作业，必须办理审批手续，并采取相应的防火措施。

（8）库区内严禁乱搭乱接电线，照明用电必须使用安全电压。电器设备必须有专人管理和安装维修。

（9）立筒仓要有除尘和防止粉尘爆炸设施。高层建筑要有避雷装置。

（10）粮食烘干，在入机前要清除杂质，防止火患。各种油饼（枯饼）未经摊晾，严禁堆码储存。棉籽堆垛要有通风措施，防止发热自燃。

（11）露天储粮蓆穴囤必须按照新的技术标准，外挂 PVC 阻燃苫布、镀锌钢丝网等方式进行防火改造，以解决传统露天储粮防火标准低、安全隐患大的问题。

（12）定期组织消防检查，及时消除火灾隐患。检查的主要内容为：消防组织和防火规章制度的建立和执行情况。消防设施、设备、器材情况。易燃易爆危险品及其他重要物品的生产、使用、储存、运输、销售过程中的防火安全情况。用火用电情况及其他水源管理情况。建筑物的平面布局、耐火等级和水源道路情况。火灾隐患需要整改时的整改情况等。并在每年年底对防火安全责任制落实情况进行检查评估。

六、粉尘爆炸预防及处置

粮食仓库必须按规范、标准使用防爆电气设备，落实防雷、防静电等措施，保证设施设备安全有效接地，严禁作业场所存在各类明火和违规使用作业工具。

必须严格执行灰尘清扫制度，避免产生二次扬尘，确保场地无积尘、扬尘；作业时，应采取降尘措施控制粉尘。

粮食仓库应保证仓房及设备泄爆装置安全有效。严禁拆除通风除尘、防爆、卸爆、接地等安全设施；应定期检查和维护粉尘爆炸危险场所的电气设备和防爆装置，确保设备和装置完好。

进入粉尘防爆区，人员应穿防静电的工作服，严禁穿戴化纤、丝绸衣物和带铁钉的鞋，防止产生火花；严禁使用铁器敲击墙壁、金属设备、管道及其他物体。

筒仓输送系统检修时，应采取措施隔断与明火作业相连的管道、孔洞；筒仓清仓作业时，必须使用防尘防爆照明灯具，清仓车辆必须装配火星熄灭器，装载机铲斗接触地面的部位必须安装防止摩擦起火的非金属材料，装载机尾端应安装防撞橡胶材料，防止产生火花。

发生粉尘爆炸时，现场负责人应立即疏散所有人员至空旷安全地点，避免二次粉尘爆炸造成人员伤亡，然后报告粮食仓库带班领导；粉尘爆炸造成火灾，应立即拨打119，有人员受伤，应立即拨打120；造成生产安全事故时，粮食仓库应按规定上报。

七、常用的灭火工具

灭火器的种类很多，按其移动方式可分为：手提式和推车式；按驱动灭火剂的动力来源可分为：储气瓶式、储压式、化学反应式；按所充装的灭火剂则又可分为：泡沫、干粉、卤代烷、二氧化碳、酸碱、清水等。

清水适用于扑救一般的固体物质火灾。水有显著的吸热、冷却效果，水在蒸发时吸收大量热量，能使燃烧物质的温度降低到燃点以下，水蒸气能稀释可燃气体和助燃气体在燃烧物内的温度，并能阻止空气中的氧通向燃烧物上去。

泡沫灭火器：适用于扑救一般 B 类火灾，如油制品、油脂等火灾，也可适用于 A 类火灾，但不能扑救 B 类火灾中的水溶性可燃、易燃液体的火灾，如醇、酯、醚、酮等物质火灾；也不能扑救带电设备及 C 类和 D 类火灾。

酸碱灭火器：适用于扑救 A 类物质燃烧的初起火灾，如木、织物、纸张等燃烧的火灾。它不能用于扑救 B 类物质燃烧的火灾，也不能用于扑救 C 类可燃性气体或 D 类轻金属火灾。同时也不能用于带电物体火灾的扑救。

二氧化碳灭火器：适用于扑救易燃液体及气体的初起火灾，也可扑救带电设备的火灾；常应用于实验室、计算机房、变配电所，以及对精密电子仪器、贵重设备或物品维护要求较高的场所。

干粉灭火器：碳酸氢钠干粉灭火器适用于易燃、可燃液体、气体及带电设备的初起火灾；磷酸铵盐干粉灭火器除可用于上述几类火灾外，还可扑救固体类物质的初起火灾。但都不能扑救金属燃烧火灾。

各单位现在最常用的灭火器是干粉等灭火器，其灭火成分是碳酸氢钠干粉，驱动气体是氮气。干粉灭火器的使用温度是-20~55℃，用于油类火灾、气体火灾、电器火灾和一般物质燃烧引起的火灾。使用时只需拉出保险销、解脱喷管和按下压把朝燃烧物质喷去即可灭火。

干粉灭火器的特点是灭火效率高、不导电、不腐蚀、毒性低、不溶化、不分解，可以长期保存，缺点是不能防止复燃。

灭火器的喷嘴，最容易为灰尘堵塞，应注意检查；灭火器放置高度要适当，以便随时取用；存放温度-10~45℃。要定期检查药液是否失效，以便及时更换。干粉灭火器表压低于绿色区域时，应重新充装。灭火器一经开启，必须重新充装。

八、灭火器的选择

正确、合理地选择灭火器是成功扑救初期火灾的关键之一。

扑救A类（可燃固体，如木材、干草、煤炭、棉、毛、麻、纸张等）火灾，可选择水型灭火器、泡沫灭火器、磷酸铵盐干粉灭火器，卤代烷灭火器。

扑救B类（可燃液体，如煤油、柴油、原油、甲醇、乙醇、沥青、石蜡、塑料等）火灾，可选择泡沫灭火器（化学泡沫灭火器只限于扑灭非极性溶剂）、干粉灭火器、卤代烷灭火器、二氧化碳灭火器。

扑救C类（可燃气体，如煤气、天然气、甲烷、乙烷、丙烷、氢气等）火灾，可选用干粉、水、七氟丙烷灭火剂。

扑救D类（金属火灾，如钾、钠、镁、钛、锆、锂、铝镁合金等）火灾，可选择粉状石墨灭火器、专用干粉灭火器，也可用干沙或铸铁屑末代替。

扑救E类（带电火灾，包括家用电器、电子元件、电气设备以及电线电缆等燃烧时仍带电）火灾，可选择干粉灭火器、卤代烷灭火器、二氧化碳灭火器等。

扑救F类（烹饪器具内的烹饪物火灾，如动植物油脂）火灾，可选择干粉灭火器。

九、手提式干粉灭火器的使用方法及注意事项

手提式干粉灭火器具有结构简单、操作灵活方便、价格低廉、应用广泛等优点，灭火器主要是由筒体、瓶头阀、喷射软管（喷嘴）组成，筒体是采用优质的碳素钢经过了特殊工艺加工而成，灭火剂为碳酸氢钠（ABC型为磷酸铵盐）灭火剂，驱动气体为氮气，常温的情况下手提式干粉灭火器的工作压力为1.5MPa。

1. 手提式干粉灭火器的使用方法

使用手提式干粉灭火器灭火，可用手提或肩扛灭火器的方式快速到达火场，在距离燃烧处5m左右的位置放下灭火器，如果火灾是发生在室外的，应该选择在上风向进行喷射。使用的干粉灭火器如果是外挂式储压式的，使用者一定要一手紧握喷枪，另外一只手提起储气瓶上的开启提环。挡干粉喷出来以后，此时应迅速对准火焰的根部进行扫射。如果使用储压式或者内置储气瓶干粉灭火器，使用者应先将开启把上的保险销拔下，然后一只手握住喷射软管的前端喷嘴部，另外一只手将开启压把压下，打开灭火器进行灭火。有喷射软管的灭火器或储压式灭

火器在使用时，一手应始终压下压把，不能放开，否则会中断喷射。

2. 手提式干粉灭火器的注意事项

如果灭火器内装的是碳酸氢钠，适用于易燃、可燃液体、气体及带电设备的初期火灾；如若装的是磷酸铵盐，则除可用于上述几类火灾外，还可扑救固体类物质的初起火灾。但是手提式干粉灭火器不能用于扑救金属燃烧火灾。在使用磷酸铵盐干粉灭火器进行固体可燃物的火灾扑救时，应该对准燃烧最为猛烈的地方喷射，并且上下、左右扫射。如果条件合适的话，操作者可手提着灭火器沿着燃烧物的四周边走边喷，使干粉灭火剂均匀地喷在燃烧物的表面，直到将所有的火焰全部扑灭为止。

3. 手提式干粉灭火器使用年限

手提式干粉灭火器使用年限：手提式干粉灭火器（储气瓶式）一般为 8 年；手提储压式干粉灭火器为 10 年。

第五节　药剂安全

储粮化学药剂大都是对人畜具有一定毒性或毒害的物质，甚至有的还具有一定的燃烧、爆炸腐蚀等性能。在储藏、运输、使用等过程中，稍有不慎，极易造成安全事故。自 20 世纪 60 年代粮食仓储部门使用化学药剂熏蒸杀虫以来，安全事故时有发生，危害极大，最典型的案例为"8·6"药剂库燃爆事故。

2012 年 8 月 6 日，辽宁建昌某粮食仓库，药剂库浸水，发生药剂库燃爆事故。

8 月 6 日下午 3 时 10 分，2 名人员在库区巡查时，发现药品库有浓烟涌出。随即向主任报告，随即启动应急预案，采取以下措施：首先是启用抽水泵从药品库内抽水；二是派人佩戴防毒面具向外抢救库存药品，先后抢出 609kg 磷化铝。抢救过程中现场出现火苗，因此停止了药品抢救作业；三是向当地政府报告；四是设置警戒线。

晚 7 时左右，县政府成立了事故救援指挥部。首先组织人员，紧急疏散了库区周边 3km 以内的 2.7 万居民。然后向药品库投放 1.5t 纯碱，没有任何效果；

晚 11 时，向药品库上空喷洒硫酸铜溶液，对磷化氢气体进行无害处理；

8 月 7 日凌晨 4 时，采用 5t 干水泥吸收药品库周边地面水分后，用 4 罐混凝土将发生事故的药品库内部的药品进行固化封闭，然后覆盖约 20m³ 的细沙，又浇筑 2 罐混凝土进行二层固化封闭。

8 月 7 日上午 8 时左右药品库事故现场处于完全密闭状态，事故得到稳妥处置。

事故发生的原因，首先是药品库设计存在隐患。该库有仓容 7.6 万 t。药品库由企业自行设计、施工，于 2010 年建成投入使用，为半地下结构，毛石砌筑，长 5m，宽 3m，地面部分高度 0.5m，地下部分深度 2.2m，使用面积 15m²，墙壁和地面均做有双层防水。从外形看，像一个简易地窖。药剂库不符合 LS 1212—2008《储粮化学药剂管理和使用规范》关于药品库"储粮化学药剂应有专用库房存放，不允许使用窑洞、地下室、燃料库、器材库存放药剂"的规定。

其次是存放药品数量过大。药品库内存放 2244kg 磷化铝、2000kg 氯化苦、201.5kg 敌敌畏、127kg 防虫磷。

三是地窖潮湿，部分磷化铝药罐锈蚀，遇水发生燃爆反应。恰逢当地 8 月份累计降雨370mm，地下水位升高，导致药剂库浸水，引发燃爆事故。

可见，对储粮化学药剂的安全管理十分重要。

储粮化学药剂的安全管理，必须贯彻"以人为本，坚持安全发展，坚持安全第一、预防为主、综合治理"的方针，建立健全岗位责任制，签订责任状。企业法人代表为本单位储粮化学药剂安全管理第一责任人，对储粮化学药剂安全管理负总责，药剂管理人员为直接责任人。

化学药剂的管理应严格执行"五双"管理，即双人收发、双人记账、双人双锁、双人运输、双人使用。

一、储存管理

储粮化学药剂要有专用库房存放。

药剂库应建在离办公、居住区和其他建筑物较远的地方，至少远离 30m 以上，且坚固、通风、干燥、不漏雨，可避光，达到防火、防盗、防雷、防爆、防潮和隔热的要求，禁止用窑洞、地下室作为储粮化学药剂库房。

药剂库必须在醒目位置悬挂"药品库"的标志，并有醒目的消防和防毒标识。药品库应安装防爆排气扇和防爆灯具，库房内应备干粉灭火器等消防器材，达到消防安全标准；药剂存放单位应配备必要的有毒气体检测装置。人员进入前应先开启排气扇，佩戴安全防护器具。

药剂入库时，管理人员应填写《药剂入库单》。药剂应存放在高于地面 0.2m 以上的空间。药剂库房内药剂必须分品种、分年限、分货位合理摆放，并具有药品名标识。货位与货位之间，货位与墙之间，要留有一定的间距。跺码不宜过高，应有防渗防潮垫。库房内严禁存放其他物品。库房内外应保持干净整洁。

工作人员须定期对药剂库通风、检查、清点。发现有药剂倒置、渗漏、包装严重锈蚀，应及时采取措施，排除隐患。分管领导及防化员负监管、检查的责任。

药剂库应安装防盗门，实行专人管理，双门双锁制度，钥匙由两名保管员分别保管，出入库必须有两人同时到场。保管员必须选派工作认真负责，熟悉储粮化学药剂的分类、性能、保管知识的人员担任，一经确定，不得随意变动，以保持工作的连续性。

药剂库房内禁止吸烟、饮食等。

药剂的领用，必须有严格的审批手续，做到药剂发放手续完备。药剂进出库要及时登记，做到收有账、付有据、药账相符。领取药剂时，必须先填写《药剂领用单》，按程序审批后方可出库；领用人员应不少于 2 人；领用前后应及时登记药剂台账。使用后的药剂空瓶空罐要及时收回药品库，统一按照规定销毁处理。

使用储粮化学药剂，原则上用多少领（买）多少，一次用完。确有特殊原因，领用后没使用完的药剂，应及时退回药库保管，严禁随意乱丢乱放。

二、使用管理

使用熏蒸剂时，熏蒸工作必须经单位负责人批准，由技术熟练、有组织能力的技术人员负责指挥，抽调经过训练，了解药剂性能，掌握熏蒸技术和防毒面具使用方法的人员参加操作。磷化氢环流熏蒸人员，必须受过磷化氢环流熏蒸技术培训。每次熏蒸都要做好熏蒸记录。

经常参加熏蒸的人员，每年应定期进行健康检查。有心脏病、肝炎、肺病、贫血、精神不正常、神经过敏、高血压、皮肤病、皮肤破伤处者，怀孕期、哺乳期、月经期的妇女，未满十八岁的少年，以及戴上防毒面具不能正常工作和经医生诊断认为不适合接触毒气工作的人，均不得参加施药工作。

使用磷化铝熏蒸前应切断仓内电源，进仓人员不准穿带铁钉的鞋，使用的金属器皿要严防撞击，以避免产生火花，引起燃烧爆炸。

熏蒸人员在分药、投药、开仓散气和处理残渣等过程中，必须佩戴空气呼吸器或具有良好防毒性能、型号合适的防毒面具，穿工作服，戴手套。工作中严禁一人单独操作。进入氧气浓度小于 19.5% 的密闭空间，必须佩戴空气呼吸器。

分装磷化铝熏蒸时，严禁用报纸或麻袋片包药。粮面每个施药点片剂不超过 150g，粉剂不超过 100g；布袋埋藏放药，片剂每袋不超过 30g，粉剂不超过 20g。

熏蒸过程中接触毒气时间，每次不得超过半小时，每人每天累计一般不超过一小时，工作结束后应适当休息。施药人员在工作中如有头昏、刺眼、流泪、咳嗽和有其他不适感觉时，应立即停止工作，退出现场；到上风方向取下面具，脱去工作服，并适当休息。不准在有毒气的粮仓内勉强操作。

在仓内施药时，必须有专人负责清点进出仓人数，要确实查明进仓人员全部出仓后，方可封门。

粮仓（囤、垛）熏蒸密闭后到充分散气前，无特殊情况，不允许人员进入。确需进入时，必须有单位负责人批准，并采取必要的防护措施，防止发生中毒或缺氧窒息事故。

熏蒸工作完毕后应将滤毒罐使用人的姓名、使用日期、毒气的名称和在毒气中停留时间等进行详细记录。对超过有效使用期的滤毒罐，应及时更新，严禁超期使用。

接触毒气人员在工作完毕后应洗澡，更换衣服、鞋袜。换下的污染物应送到空旷无人的地方散发毒气后，方可携入室内。

参加发放药剂、熏蒸施药、处理残渣、开仓放气和进熏蒸仓库检查等与毒气接触的人员，要按有关文件规定发给保健食品、津贴，以保障工作人员身体健康。熏蒸前后禁止饮酒。磷化氢熏蒸后，禁止食用牛乳、鸡蛋及其他含油脂食物。

被熏蒸的粮仓（包括露天储粮囤、垛），须严格密闭，防止毒气外漏，并标注醒目有毒警戒标志。仓外四周，必须保留 20m 以上的安全距离。在此范围内从施药到充分散发毒气前，均严禁住人及养家禽家畜。不具备熏蒸条件的粮仓（囤、垛）；一律不准熏蒸。

常规熏蒸从施药开始到处理完残渣残液为止，要在粮仓四周 10m 左右设警戒线，立警示牌，并在投药后 24h 内有专人值班，注意观察有无漏毒、冒烟、燃爆等现象。值班人员必须熟悉业务并备有完好防毒面具、消防器材和报警联络通信工具。

熏蒸放气后，应将残渣立即运到离水源 50m 以外偏僻的地方，挖坑深埋或放入残渣处理池处理；药桶、药瓶要按规定妥善处理，如毁坏药剂包装物，使其不能被再次利用，或将包装物退回原生产厂，严禁随意乱扔、乱放；熏蒸用器材及装药布袋等应清洗干净后妥善保存备用，不得改作他用。

禁止在夜间或大风大雨天气进行熏蒸或放气。用磷化铝熏蒸，要严防粮仓漏雨或帐幕内结露，以免水滴滴入药内引起火灾。

用磷化铝在帐幕内进行熏蒸时，盛药器皿上方应留有一定空间；以利气体的扩散，避免局部浓度过高而自燃。

磷化铝熏蒸发生燃烧冒烟时，可用干沙覆盖药面灭火，或用干粉灭火器灭火，严禁用水浇。

磷化铝熏蒸时，要求将仓内金属设备、仪表移出，不能移动的应涂以机油或用塑料薄膜包扎密封。

磷化氢环流熏蒸，施药前应先开启环流风机。使环流管道内形成气流循环，然后再开启施药装置。采用磷化氢发生器施药，磷化铝投药速度应可控制，二氧化碳钢瓶气应保证连续供应。

磷化氢环流熏蒸时，应准备好必要的备品备件，如发现熏蒸设备的个别零件损坏，应及时更换。在施药和环流熏蒸过程中，对突发停电应有应急预案，及时进行妥善处理，以确保人身安全和设备的完好使用。

敌百虫、辛硫磷、杀螟硫磷、防虫磷、敌敌畏遇水能缓慢分解，药液应随用随配，一次用完、不能与碱性药物混用。敌敌畏严禁与粮堆直接接触，采用粮面上悬挂布条杀虫法，在施药前要在粮面上铺麻袋、草帘等以防止药液滴入粮堆。

使用灭鼠药剂时，毒饵毒液应在室外或较宽敞的室内配制。配制毒饵毒液的药剂，应称量准确，并有记录。配制毒饵液时，应戴防毒口罩，防止药粉飞扬进入呼吸道。禁止用手直接接触药剂或毒饵毒液。现场禁止吸烟和饮食。配制和施放毒饵毒液场所，应指派专人值班，防止无关人员和家禽进入。毒饵毒液的配制、保管、使用、回收和处理均应有专人负责。

过期失效的储粮化学药剂，按国家有关规定进行销毁。国家明令禁止的化学药剂不得在实仓内使用。未经国家批准的新化学药剂严禁在实仓使用。

储粮化学药剂的使用剂量，必须严格遵照 GB/T 29890—2013《粮油储藏技术规范》的要求执行，严禁超剂量使用。

三、采购、运输、装卸管理

采购的储粮化学药剂，必须是国家粮食局指定厂家的合格产品，对没有指定厂家的，必须是经国家有关部门批准生产的正规合格产品，质量不合格产品严禁购买。

储粮化学药剂的采购量，应根据上一年使用量进行估算，原则上当年采购的药品应当年用完，不得超量采购。

运输药剂要选派了解药剂性能人员携带有效防毒面具押运。途中押运人员不能远离药剂，以防丢失和破损，并要防止药剂遭受水湿，雨淋和阳光直射。

装卸储粮化学药剂时，药箱、药桶、药瓶不能倒放，要轻拿轻放、防止滚动、撞击，发现装具破损，要及时采取措施，妥善处理。

第六节　简易设施储粮的安全管理

一、露天储粮的管理

露天储粮，不仅受到环境温湿度、虫霉鼠雀的危害，还经常受到狂风、暴雨、大雪、冰雹等灾害性天气的影响和洪汛的危害，也容易引起火灾。露天储粮比室内储粮难，除了应用通常的储粮方式方法外，还更应注意露天储粮的管理。

（一）防火

露天储粮的防火管理，应纳入仓库整体的防火规划，建立组织，健全制度，统一管理。

（1）严格控制明火，严防电器电路短路，老化引起火灾。

（2）使用磷化铝熏蒸露天堆，要严格按照操作规程进行，不得随意扩大用药剂量，严防自燃起火。

（3）露天储粮要避开高压用电线路。

（4）久旱无雨天气，可定期用消防泵以雾状对露天储粮苫盖材料喷水，湿润表层，以增强防火性能。

（5）加强值班、巡查。

（6）露天储粮区域必须配备齐消防器材，配备配足消防用水和用沙。

（7）搭建露天席茓囤尽量采用PVC阻燃苫布或镀锌钢丝网进行苫盖，有效阻隔外界火源。

（二）防潮防雨（汛）

（1）江河沿岸和行蓄洪区内汛点粮食仓库的露天储粮，应在汛期来临之前，有计划地提前安排转移。

（2）洪汛点的露天储粮场地要选择地势较高的地方。采用高底脚堆基，使堆基外围裙距地面高度80cm以上。同时，采用二油一毡提高堆基的防潮性能，墙裙内外及堆基表面全部用水泥抹面，洪汛发生时，及时封闭风道口和漏水孔。

（3）露天储粮区域要排水沟渠并保持畅通。

（4）遇紧急情况，其他方法一时难以奏效时，可采用熏蒸帐幕将粮堆罩上，帐幕底部嵌入堆基上的压膜槽内或用土袋等压紧封闭，这样能有效地减轻水害、减少损失。

（5）大雪过后，要及时清除露天储粮囤、垛上及四周的积雪。

（三）防结露

（1）揭膜通风　当粮温与外温形成一定温差时，揭开幕布，降低储粮内部温度，可以解决露天储粮表、上层结露。

（2）粮面压盖　在粮堆表面压盖吸湿隔热材料（麦糠、珍珠岩、稻糠、麻袋等），阻隔外温外湿对粮面的影响，减小温差、防止结露。

（3）上部架空　采用支撑物将篷布架空，使粮堆表面与篷布之间留有一定空间，可缓解外温对粮堆的直接影响，当垛内温湿过大时可利用通风道和换气扇降温降湿，预防结露。

（4）双层密闭　双层密闭是将整个露天粮堆首先用塑料薄膜六面密封第一层，然后再用PVC涂刷密闭第二层，使篷布与塑料薄膜之间形成一个空气层，阻隔外温对粮温的直接影响，减少粮堆水分转移，从而防止结露的发生。同时采用双层密闭后，粮堆表面与外界之间多了一个隔热层，当季节交替，外界温度出现大的变化时，由于篷布和塑料薄膜的隔热作用，粮堆表面不会出现大的温差，可有效防止结露发生。

（四）防鼠

（1）改变露天储粮的堆基，以减少老鼠栖身危害的机会。

（2）硬化露天储粮区的地坪。

（3）增设防鼠墙或挡鼠板，也可用捕鼠板、虫网、电猫，切实可行的是垛、囤基底部筑

1m 高的固定光滑面。

（4）其他防鼠方法，如堵塞鼠洞、断绝水源、搞好卫生。

二、简易仓囤储粮的管理

（一）简易仓囤储粮的有关要求

1. 基本要求

应具备"九防""四处理"基本功能。"九防"是指防火、防潮、防雨雪、防风、防鼠、防雀、防虫、防霉变、防漏底九项安全储粮功能；"四处理"是指必须配备有效的粮情检测、熏蒸杀虫、通风降温、隔热保温等四项安全储粮处理的基本措施。粮食仓库负责人必须严格把关，不满足基本要求的，不得储粮。

2. 入仓作业

入粮前，做好简易囤堆基、包装和苫盖材料等的杀虫消毒处理，按 GB/T 29890—2013《粮油储藏技术规范》要求执行。

入粮时，应从简易囤的中心点均匀入粮，防止偏载，减少杂质自动分级和防止粉尘飞扬。

简易囤的测温电缆按环形布置，水平方向相邻电缆间距≤5m，垂直方向间距≤3m，距粮面、囤底、囤壁 0.3~0.5m。

3. 粮情检测

简易囤粮温 15℃以下时，5d 内至少巡测一次；粮温 15~25℃时，3d 至少巡测一次；粮温超过 25℃以上时，每天巡测一次。每月随机抽查粮温、水分、虫害、霉变等情况；恶劣天气及时检查粮情。

通过扦样或结合测温点的布置，对粮食水分分层取样或在线检测。表层、上层粮食水分适当增加检测点的点位和频次；表层粮食水分应每周检测一次；中上层粮食水分每月至少检测一次；在季节转换时，应增加粮堆表层水分的检查次数。

储存一年以上的粮食，应增加粮情检测次数。

4. 储粮措施

入粮后，应对粮堆表层进行防虫防霉处理。在简易囤 4 周，底部等部位应喷布防虫线，根据粮食储藏期限和周围环境条件喷布杀虫剂或食品级防霉剂，在季节交替及虫害高发期应增加喷布频次。

简易囤可采用"圭"字形地上笼通风道，在密封囤体的条件下，采用竖向压入和吸出相结合的方式进行机械通风，宜选 6~15m³/（h·t）的单位风量。

主要害虫达 2 头/kg 以上，应密封粮囤后进行熏蒸杀虫。

粮堆水分分层严重、局部结露、高温发热等情况发生时，及时采取通风等处理措施。通风达不到要求时须翻倒粮堆表层，拆囤处理。简易囤储粮上层结露时，适时揭开篷布，翻动粮面，进行自然散湿处理。

5. 出粮作业

打开囤对称的出粮口同时出粮，使其流速一致，缓慢均匀出粮，防止出现囤身偏载、倾倒。或从囤底部中心处用绞龙出粮，形成囤中心的环形粮堆，防止囤身倾斜问题。

（二）简易仓囤的安全管理

简易囤选址应有利于防汛，地面应平整，基础应满足装粮后承载力要求；简易囤应由符合资质要求的单位设计和建造；每组简易囤不应超过 5000t，组间距 >25m，简易囤应安装有效的避雷装置。

粮食入囤前，应对粮囤的内外结构进行安全检查，检查各焊接口、入粮口及安全爬梯是否牢固，检查囤身是否倾斜，防潮防雨是否完好等，确认安全后方可入粮。进粮作业应从简易囤中心入粮，严防偏心装粮。

出粮时，应采取对称出粮口同时出粮，严禁偏心出粮，以防偏载造成倒塌。初始出粮 50~60t 后，应换另外一组对称出粮口出粮，避免囤身出现倾斜倒塌。后续出粮时，应及时根据囤内粮食情况调整出粮口。出粮后，人员进入囤内清理资材应系安全绳，且不少于 2 人。

应定期检查简易囤，如出现胀囤，倾斜等现象时，应在保证安全的前提下，立即实施倒囤或重新制装囤，严防简易囤坍塌；简易囤出粮后，应采取有效措施，防止大风将简易囤吹倾斜或倒伏。

三、罩棚储粮的管理

（一）罩棚储粮的有关要求

罩棚储粮主要采取围包散储和包装粮堆垛的方式。

1. 基本要求

应具备"九防"（防火、防潮、防雨雪、防风、防鼠、防雀、防虫、防霉变、防潮底）、"四处理"（粮情检测、熏蒸杀虫、通风降温、隔热保温）基本功能。应对包装麻袋消毒，以免交叉感染，引发粮食虫害等隐患。不得使用塑料编织袋装粮做围包散储的挡粮墙。

2. 入粮作业

入粮过筛除杂，多点进粮，减少杂质自动分级和防止粉尘飞扬，机械化入仓处理应尽量减少粮食破碎。应科学设计通风系统，合理布置通风道，减少通风死角，防止跑、漏风，确保通风效果。围包散储的围包码垛挡粮墙厚度应保证装粮后承载安全。布设挡粮墙要与粮食入仓同步进行。挡粮墙搭建时不宜采用输送机送粮包，所使用的所有麻袋要完整、无破损、无污染、无害虫，挡粮墙下部应采用新麻袋。在挡粮墙的长边每间隔 30m 进行加固加厚处理，每搭设一层要及时清理麻袋上的粮粒和杂物，再搭另一层。挡粮墙的高度 ≤5m，单一（每区）罩棚的总储量 ≤20000t。

3. 储粮措施

粮情检测系统和传感器的布置要求与房式仓相同。

应对粮堆表层进行防虫防霉处理，方法与简易囤相同。主要害虫达 2 头/kg 以上，应密封粮垛后进行熏蒸杀虫。

4. 出粮作业

应先拆除挡鼠网、板，再揭下苫盖物。拆除堆垛挡粮墙的顺序是由上而下、由外往内逐层移开粮包，拆除挡粮墙的高度、宽度应与粮堆自流角相一致。应边出粮边拆除挡粮墙下面的垫底材料。如分批次出粮，应保证粮情检测设备、通风系统能正常工作。出粮期间，要有专人实时检查，发现粮堆堆垛及设施歪斜，应立即停止出粮并及时处置。出粮后，应及时对场地、相关设备和器材进行清洁整理。

（二）罩棚储粮的安全管理

罩棚内既可以用麻包装粮、码垛包储，也可以围包散储，本节主要介绍围包散储。仓储部门应先制订作业方案；必须用合格麻袋堆码挡粮墙，麻袋装粮 2/3，以平放高度 17cm 左右为宜，四角和过道等关键部位及外层麻包必须缝口；严禁使用塑料编织袋装挡粮墙。

围包散储装粮高度不应高于 5m；挡粮墙 3.5m 以下部分应采用三横一竖、每层错位堆码麻袋墙；3.5m 以上部分可采用两横一竖，并确保挡粮墙堆码整齐；转角处挡粮墙，码放必须层层错位咬死，严防胀开。麻袋口应朝内堆叠。严禁使用塑料布等易滑资材铺垫在麻袋墙底层。

移动钢制爬梯（带扶手）应安全可靠。采用麻包码放爬梯，应确保牢固可靠。

仓储部门应定期检查粮堆周围，如发现胀垛、坍塌、潮粮等情况，应及时处置；拆粮堆时，应先从粮堆顶部拆挡粮墙，严禁人员进入粮面。拆包与出粮同步，严禁出完粮食再拆挡粮墙；严禁在围包散储粮堆周边从事影响粮堆安全的施工作业。

四、钢结构简易仓储粮

（一）钢结构简易仓储粮的有关要求

挡粮结构必须能承受在动静载荷下的粮食侧压力，应提供钢结构散装房式简易仓设计部门的测算依据。

必须配备可有效实施的粮情检测、通风和熏蒸工艺设备，粮情检测要求与房式仓的相同，对粮情异常部位经人工复查确认后及时采取通风、熏蒸技术措施，确保安全储粮。

季节交替期，加强对粮堆表层、周边、拐角、过道板下粮食进行结露和霉变检查。

高温季节应适时翻动粮面，排散粮堆顶层积热。密闭苫盖时可先在粮面铺设一层吸湿隔热材料，再用苫布覆盖，预防结露。

（二）钢结构简易仓储粮的安全管理

钢结构散装房式简易仓必须由符合资质要求的设计单位设计并通过施工图审查；必须由符合资质要求的施工企业建设；必须在竣工验收合格后方可进行装粮压仓试验。严禁超设计装粮线装粮；严禁把钢结构罩棚当散装仓或违规改造成散装仓装粮，严禁机动车辆和机械输送设备剐蹭、碰撞钢结构散装房式简易仓。

第七节　其他作业安全管理

一、租仓储粮

承租企业与出租企业应签订租赁合同和安全生产管理协议，明确双方安全生产职责，落实安全生产设施、设备、器材。

承租企业必须安排本企业在职人员对租仓储粮及仓储设施进行管理，对租仓储粮安全生产承担相应责任；承租企业的安全生产管理生产制度在租仓储粮中必须得到执行。

租赁库点所处位置应符合防火、防汛、防污染等安全要求，不得低于低洼易涝、行洪区，库区及周边 1000m 内无易燃、易爆、毒害危险品和污染源。库区封闭，院内布设监控设施，实现监控全覆盖且功能正常。仓储设施设备和附属设施设备应符合国家安全标准。消防、用电、排水及建设手续符合国家相关要求，通过有关部门验收。

承租企业负责人对租仓储粮安全生产承担直接领导责任，承租企业派驻的专职或兼职安全员应履行安全生产职责。承租企业应保障和落实租仓储粮必需的安全生产设施及其经费，因未能保障和落实而造成生产事故的，承租企业负责人及其安全生产部门负责人应当承担相应责任。

承租企业安全部门负责人每两周、企业分管负责人每月、企业负责人每季度对租仓储粮进行安全生产检查，及时发现和排查安全生产隐患，责令限期整改。对于拒不整改的，应追究租仓储粮点负责人及安全员的责任。

承租企业上级单位和主管部门对租仓储粮点应进行安全生产监督检查，发现存在安全生产问题和隐患的，应立即责成承租企业采取有效措施，确保安全生产。造成生产安全事故的，应依法依规追究承租企业有关人员的责任。

二、外包作业

必须严格执行外包作业人员审批制度，严禁外包作业人员擅自作业；粮食仓库应建立外包作业单位和劳务人员管理档案。

外包作业单位应具备相应的经营资质或作业许可证，应为所有参与作业人员办理工伤保险或意外伤害保险，外包作业单位负责人是外包作业人员安全管理的第一责任人。粮食仓库与外包作业单位签订外包作业合同时，应同时签订《外包作业安全管理协议》；劳务人员应提交身体健康合格证，粮食仓库与劳务人员签订《外包作业人员职业健康安全告知书》。

外包作业前，粮食仓库应组织对外包作业人员的安全交底，督促和配合外包作业单位对外包作业人员进行岗前培训，并做好培训记录和考核，外包作业人员应在安全交底或安全生产作业承诺书上签字。

粮食仓库应对外包作业单位及其人员进行作业前检查，主要内容包括安全资质和业绩是否符合要求，安全协议是否签订，职业健康安全要求是否充分告知，特种作业人员资格是否符合要求，检查外包作业人员是否掌握安全生产要求，安全技术措施是否可行，安全资源配置是否合理等。检查合格后，允许外包作业。

粮食仓库应定期与外包作业单位现场负责人沟通，掌握安全情况、强调安全要求并留存记录。定期检查外包作业的安全情况，发现隐患时，立即责令其整改，并形成记录，实施留痕管理，整改合格后方可继续作业。重大隐患应报当地安监部门。发生安全生产事故，外包作业单位应立即告知粮食仓库。

外包作业验收前，应对作业现场进行清理，粮食仓库有关部门负责人负责验收；验收中发现安全隐患的，应形成记录，并落实整改。

三、登高作业

必须严格执行登高作业分级审批制度，严禁擅自开展登高作业。

雨、雪、大雾、雷电及风力超过5级的天气，禁止室外登高作业；严禁夜间登高作业。应安排身体条件符合要求的人员从事登高作业，必须配备现场监护人；作业人员应佩戴安全帽和安全绳作业，应穿软底防滑劳保鞋，严禁穿硬底、带钉易滑的鞋。

登高作业使用的扶梯、升降平台和临时架设的作业平台应符合安全要求，严禁把设备当扶梯进行登高作业；应在登高作业区域设置隔离警示标识，严禁人员穿行。

作业时，安全绳应系牢在系留装置或固定的设施上，严禁作业人员向下抛扔物体；作业后，应清理工器具和物品，严禁留存高处。

四、有限空间作业

必须执行有限空间作业分级审批制度，严禁擅自开展有限空间作业。

必须做到"先通风、再检测、后作业"。应先打开人孔、料孔等进行自然通风，必要时，可采取强制通风。检测有限空间氧气和有害气体浓度，氧气浓度不应<19.5%，磷化氢气体浓度不应>0.2mL/m³。氧气浓度<19.5%，磷化氢浓度>0.2mL/m³ 时，作业人员必须佩戴空气呼吸器。严禁向有限空间充氧气或富氧空气。

作业现场应明确作业负责人、监护人员和作业人员，不得在没有监护人的情况下作业，应设置安全警示标识。

人员必须配备个人防中毒窒息等防护装备，严禁无防护监护措施作业。缺氧或有毒、有限空气作业时，应佩戴空气呼吸器。有易燃易爆物质时，应穿防静电工作服，使用防爆型低压灯具及不产生火花的工具。有酸碱等腐蚀性介质时，作业人员应穿戴防酸碱工作服、工作鞋、手套等防护品。

进入有限空间前，监护人应与作业人员一起检查安全措施，记录进入人员人数、姓名和工器具，统一联系方式。作业过程中监护人员不得脱岗。

发生生产安全事故时，监护人员应立即报警，救援人员应做好自身防护，配备必要的呼吸器具、救援器材，严禁盲目施救，导致事故扩大。

五、吊装作业

必须执行吊装作业分级审批制度，严禁擅自开展吊装作业。

作业前，现场负责人应对作业人员进行安全教育和安全技术交底；应在现场设置安全警戒区域和标识，明确现场负责人、指挥人员、司机、司索人员、监护人和安全监督员及其职责，指挥人员、启动司机、司索人员应具有政府有关部门颁发的吊装作业上岗证书，起重设备装拆由相应单位有资质的专业人员操作。

现场负责人应检查吊装作业许可相关内容，对作业人员的资格和身体状况进行检查，严禁身体不适或患有职业禁忌证人员作业；检查作业使用的劳动防护用品、安全标识、工器具、仪表、电气设备等。

作业中出现故障时，应立即向负责人保管，没有现场指挥的命令，除危及生命外，任何人不得擅离岗位，应听从指挥，按应急程序处置。吊装设备下严禁站人。

作业后，应清理打扫现场，现场负责人确认无隐患后，作业人员撤离作业场所。

室外吊装作业遇到雨、雪、大雾、雷电及 5 级以上大风天气时，应采取安全措施并立即停止吊装作业。

第十章

CHAPTER

粮食仓库自然灾害防范

10

第一节　自然灾害与应对措施

近几十年来，随着全球气候变化，我国自然灾害不断增多，重大自然灾害时有发生。粮油仓储行业每年都遭受洪涝、冰雪、风雹等自然灾害不同程度的侵扰和危害，防灾减灾形势十分严峻。

做好储粮防灾，首先必须对自然灾害要有所了解。那么，什么是自然灾害呢？通常，人们把以自然变异为主因的灾害称为自然灾害。自然灾害对人类社会所造成的危害往往是触目惊心的。它们之中既有地震、火山爆发、泥石流、海啸、台风、洪水等突发性灾害；也有地面沉降、土地沙漠化、干旱、海岸线变化等在较长时间中才能逐渐显现的渐变性灾害；还有臭氧层变化、水体污染、水土流失、酸雨等人类活动导致的环境灾害。

我国是世界上自然灾害较多的国家，并呈现如下特点：灾害种类多、分布地域广、发生频率高、人财损失严重。

一、自然灾害的形成

自然灾害的形成必须具备两个条件：一是要有自然异变作为诱因，二是要有受到损害的人、财产、资源作为承受灾害的客体。

自然灾害是地理环境演化过程中的异常事件。自然灾害孕育于由大气圈、岩石圈、水圈、生物圈共同组成的地球表面环境中。地球上的自然变异，包括人类活动诱发的自然变异，无时无地不在发生，当这种变异给人类社会带来危害时，即构成自然灾害。自然灾害是人与自然矛盾的一种表现形式，具有自然和社会两重属性，是人类过去、现在、将来所面对的最严峻的挑战之一，也是阻碍人类社会发展的最重要的自然因素之一。

自然灾害形成的过程有长有短，有缓有急。有些自然灾害，当致灾因素的变化超过一定强度时，就会在几天、几小时甚至几分、几秒钟内表现为灾害行为，像火山爆发、地震、洪水、飓风、风暴潮、冰雹、雪灾、暴雨等，这类灾害称为突发性自然灾害。旱灾、农作物和森林的病、虫、草害等，虽然一般要在几个月的时间内成灾，但灾害的形成和结束仍然比较快速、明显，所以也把它们列入突发性自然灾害。另外还有一些自然灾害是在致灾因素长期发展的情况下，逐渐显现成灾的，如土地沙漠化、水土流失、环境恶化等，这类灾害通常要几年或更长时间的发展，则称为渐变性自然灾害。

许多自然灾害，特别是等级高、强度大的自然灾害发生以后，常诱发出其他灾害接连发生，这种现象称为灾害链。灾害链中最早发生的起作用的灾害称为原生灾害；而由原生灾害所诱导出来的灾害则称为次生灾害。自然灾害发生之后，破坏了人类生存的和谐条件，由此还可以导生出一系列其他灾害，这些灾害泛称为衍生灾害。如大旱之后，地表与浅部淡水极度匮乏，迫使人们饮用深层含氟量较高的地下水，从而导致了氟病，这些都称为衍生灾害。

当然，灾害的过程往往是很复杂的，有时候一种灾害可由几种灾因引起，或者一种灾因会同时引起好几种不同的灾害。这时，灾害类型的确定就要根据起主导作用的灾因和其主要表现形式而定。

二、自然灾害的特征

自然灾害通常是剧烈的，是不可预测的。其破坏力极大。持续时间有长有短。灾难包括了很多因素，它们会引起受伤和死亡，巨大的财产损失以及相当程度的混乱。一次灾难事件持续时间越长，受害者受到的威胁就越大，事件的影响也就越大。另一个影响灾难程度的主要因素，是人们是否获得了足够的预警。

自然灾害有许多重要的特征，它们突然、有力，无法控制，引起破坏和混乱，通常很短暂，有时可以预报。

三、自然灾害的分类

自然灾害的分类是一个很复杂的问题，根据不同的考虑因素可以有许多不同的分类方法。世界范围内重大的突发性自然灾害包括：旱灾、洪涝、台风、风暴潮、冻害、雹灾、海啸、地震、火山、滑坡、泥石流、森林火灾、农林病虫害等。

在中国发生的重要的自然灾害，考虑其特点和灾害管理及减灾系统的不同，可归结为以下几大类，每类又包括若干灾种。

①气象灾害：包括热带风暴、龙卷风、雷暴大风、干热风、干风、黑风、暴风雪、暴雨、寒潮、冷害、霜冻、雹灾及旱灾等。

②海洋灾害：包括风暴潮、海啸、潮灾、海浪、赤潮、海冰、海水侵入、海平面上升和海水回灌等。

③洪水灾害：包括洪涝灾害、江河泛滥等。

④地质灾害：包括崩塌、滑坡、泥石流、地裂缝、塌陷、火山、矿井突水突瓦斯、冻融、地面沉降、土地沙漠化、水土流失、土地盐碱化等。

⑤地震灾害：包括由地震引起的各种灾害以及由地震诱发的各种次生灾害，如沙土液化、喷沙冒水、城市大火、河流与水库决堤等。

⑥农作物灾害：包括农作物病虫害、鼠害、农业气象灾害、农业环境灾害等。

四、我国发生过的重大自然灾害

中国自古就是灾害严重的国家，中华人民共和国成立后在某些灾害方面虽有好转，但由于大部分灾害是不可预测的，因此无根本改变。根据 60 多年来，对我国自然灾害的分析，大致可以排出的最大灾害如下。

1950 年 7 月，淮河大水。由于河道泥沙淤积，河床高涨，河南、皖北许多地方一片汪洋，水灾淹没土地 3400 余万亩，灾民 1300 万。淮北地区受灾惨重，为百年所罕见。

1954 年 7 月，长江、淮河大水。长江中下游、淮河流域降水量普遍比常年同期偏多一倍以上，致使江河水位猛涨，汉口长江水位高达 29.73m，较历史最高水位的 1931 年高出 14.5m。虽然沿江人民做出了极大努力保卫荆江大堤，从而保证了武汉市和南京市的安全，但却淹没农田 4755 万亩，1888 万人受灾，财产损失在 100 亿元以上。由于农产品减少，也影响了人民的生活和 1955 年的工业生产。

1959—1961 年，三年经济困难。1959 年全国干旱范围广，旱情严重；1960 年干旱范围广，持续时间长，旱情重，春季又出现"倒春寒"；1961 年旱情较重，冬小麦遭受"卡脖旱"，北方冬麦区还遭受较重的干热风危害。所以农业生产大幅度下降，连续两年没有完成国民经济计划，市场供应十分紧张，人民生活相当困难，加上长期劳动紧张和疾病流行，人口非正常死亡增加，仅 1960 年统计，全国总人口净减少 1000 万人。经济困难是多方面因素造成的，自然灾害是其中一个重要因素。

1963 年 8 月，海河大水。8 月上旬河北省连续 7 天下了 5 场暴雨，其中内丘县樟狐公社过程降水量 2050mm，暴雨面积大，过程总雨量在 1000mm 以上的面积达 5560km^2，淹没 104 个县市 7294 多万亩耕地，水库崩塌，桥梁被毁，京广线中断，天津告急，2200 余万人受灾，直接经济损失达 60 亿元（1 亩 = 666.67m^2）。

1966 年 3 月 8 日，邢台地震。死亡 8182 人，受伤 51395 人，倒塌房屋 508 万间。

1970 年 1 月 5 日，通海地震。死亡 15621 人，受伤 26783 人，倒塌房屋 338456 间。

1975 年 8 月，河南大水。7503 号台风在福建登陆，经江西南部、湖北，5 至 7 日在河南省伏牛山麓停滞和徘徊 20 多个小时，最大降水量 1605mm，使汝河、沙颍河、唐白河三大水系各干支流河水猛涨，漫溢决堤，板桥、石漫滩水库垮坝失事，造成特大洪水，毁房断路，人畜溺毙，灾情极为严重，洪水直接致 1015 万人受灾，直接经济损失百亿元。

1976 年 7 月 28 日，唐山地震。死亡 24.2 万人，重伤 16.4 万人，倒塌房屋 530 万间，直接经济损失 100 亿元以上。

1978—1983 年，北方连续大旱。1978 年，全国出现大范围干旱，受灾 6.03 亿亩，成灾 2.69 亿亩；1979 年秋、冬干旱范围大；1980 年夏季华北、东北大部和西北部分地区出现了较严重的伏旱，全国受旱 3.92 亿亩，成灾 1.87 亿亩；1981 年春季北方冬小麦区雨水少 5~7 成，缺水人数达 2297 万人，秋季雨水少 4~9 成，全国受旱 3.85 亿亩，成灾 1.82 亿亩；1982 年全国受旱 3.11 亿亩，成灾 1.5 亿亩；1983 年全国受旱 2.41 亿亩，成灾 1.44 亿亩。不少地区出现干旱时间长、范围广、灾情严重。缺水也成为北方的一大难题，严重影响人民正常生活和国民经济的持续发展。

1985 年 8 月，辽河大水。8507、8508、8509 号台风袭击东北地区，连降大雨，加上河道年久失修，洪水宣泄不畅，辽河原有河道行洪能力为 5000m^3/s，实际上洪水仅 2000m^3/s，但却造成该省中小河流决口 4000 多处，致使 60 多个市、县，1200 多万人，6000 多万亩农田和大批工矿企业遭受特大洪水袭击，死亡 230 人，直接经济损失 47 亿元。

1998 年 7 月下旬至 9 月中旬初，长江流域发生了自 1954 年以来的又一次全流域性大洪水。

持续不断的大雨以逼人的气势铺天盖地地压向长江，使长江经历了自 1954 年以来最大的洪水。洪水一泻千里，几乎全流域泛滥。加上东北的松花江、嫩江泛滥，中国全国包括受灾最重的江西、湖南、湖北、黑龙江四省，共有 29 个省、市、自治区都遭受了这场无妄之灾，受灾人数上亿，近 500 万所房屋倒塌，2000 多万 hm^2 土地被淹，经济损失达 1600 多亿元人民币（$1hm^2$ = $0.01km^2$）。

2008 年 1 月 10 日起，中国浙江、江苏、安徽等 19 个省级行政区的大范围低温、雨雪、冰冻灾害，造成直接经济损失 537.9 亿元。死亡 60 人，失踪 2 人，紧急转移安置 175.9 万人；农作物受灾面积 7270.8 千 hm^2；倒塌房屋 22.3 万间，损坏房屋 86.2 万间。其中湖南、湖北、贵州、广西、江西、安徽等 6 省、区受灾最为严重。

2008 年 5 月 12 日，四川汶川里氏 8.0 级浅源地震。据民政部报告，截至 2008 年 9 月 25 日 12 时，四川汶川地震已确认 69227 人遇难，374643 人受伤，失踪 17923 人。这次汶川地震造成的直接经济损失 8452 亿元人民币。

2010 年 4 月 14 日，青海玉树里氏 7.1 级特大浅表地震。遇难 2698 人，失踪 270 人，受灾面积 $35862km^2$，受灾人口 246842 人。

2010 年 8 月 7 日晚上，甘南藏族自治州舟曲县突降强降雨，县城北面的罗家峪、三眼峪泥石流下泄，由北向南冲向县城，造成沿河房屋被冲毁，泥石流阻断白龙江、形成堰塞湖。据中国舟曲灾区指挥部消息，截至 21 日，舟曲"8·7"特大泥石流灾害中遇难 1434 人，失踪 331 人。

综上所述，70 年来我国的大灾害中，洪涝灾害排在首位，共有 6 次，地震为 5 次，旱灾为 2 次，冰雪灾害 1 次，泥石流灾害 1 次。

五、我国应对自然灾害的主要机构和部分法律法规

（一）国家减灾委员会

国家减灾委员会（简称"国家减灾委"），原名中国国际减灾委员会，2005 年经国务院批准改为现名，其主要任务是：研究制定国家减灾工作的方针、政策和规划，协调开展重大减灾活动，指导地方开展减灾工作，推进减灾国际交流与合作。国家减灾委员会的具体工作由民政部承担。

国家减灾委员会由中共中央宣传部，国务院办公厅、民政部、外交部、国家发改委、教育部、科技部、工业和信息化部、公安部、财政部、国土资源部、环境保护部、住房和城乡建设部、交通运输部、铁道部、水利部、农业部、商务部、国家广电总局、安全监管总局、国家统计局、国家林业局、中国科学院、中国地震局、中国气象局、中国保监会、自然科学基金会、国家海洋局、国家测绘局、总参谋部、武警总部、中国科学技术协会、中国红十字总会和中国铁路总公司 35 个成员单位组成。

国家减灾委员会下设办公室（又称"国家减灾办"）和专家委员会（又称"国家减灾专家委员会"）。

现任国家减灾委专家委员会由 38 位委员和若干位专家组成，分为应急响应、战略政策、风险管理、空间科技与信息、宣传教育和减灾工程 6 个专家组，基本涵盖防灾减灾领域的所有专业，具有广泛的代表性。

（二）部分法律法规

自 20 世纪 80 年代始，我国开始了自然灾害的立法应对，现有的专门应对自然灾害类的法律主要有：

2007 年 8 月 30 日颁布，同年 11 月 1 日起实施的《中华人民共和国突发事件应对法》；

2001 年 8 月 31 日颁布，2002 年 1 月 1 日起实施的《中华人民共和国防沙治沙法》；

1999 年 10 月 31 日颁布，2000 年 1 月 1 日起实施的《中华人民共和国气象法》；

1997 年 12 月 29 日颁布，1998 年 3 月 1 日起实施，2008 年 12 月 27 日修订的《中华人民共和国防震减灾法》；

1997 年 8 月 29 日颁布，1998 年 1 月 1 日起实施的《中华人民共和国防洪法》；

1984 年 9 月 20 日颁布，1985 年 1 月 1 日起实施，1998 年 4 月 29 日修正的《中华人民共和国森林法》等。2019 年 12 月 28 日修订通过《中华人民共和国森林法》，自 2020 年 7 月 1 日施行。

除此之外，一些法规和条例的颁布实施也有力地应对了自然灾害的发生。例如：

2010 年 7 月 8 日颁布，同年 9 月 1 日起实施的《自然灾害救助条例》；

2005 年 6 月 7 日颁布，同年 7 月 1 日起实施的《军队参加抢险救灾条例》；

2003 年 11 月 24 日颁布，2004 年 3 月 1 日起实施的《地质灾害防治条例》；

2000 年 5 月 27 日颁布实施的《蓄滞洪区运用补偿暂行办法》；

1995 年 2 月颁布，同年 4 月 1 日起实施的《破坏性地震应急条例》；

1991 年 7 月 2 日颁布实施，2005 年 7 月 15 日修订的《中华人民共和国防汛条例》；

1991 年 3 月 22 日颁布实施的《水库大坝安全管理条例》等。

六、影响粮食仓库的自然灾害

在发生的自然灾害中，影响粮食仓库的自然灾害主要是突发性灾害，如地震、火山爆发、泥石流、海啸、台风、洪水、冰雹、冰雪等。其中最常见的有洪涝灾害、冰雪灾害、风雹灾害等。

下面就我国粮食仓库遭遇突发性自然灾害进行阐述和分析，并就如何防灾减灾提出意见。

第二节　洪涝灾害

洪涝灾害包括洪水灾害和雨涝灾害两类。其中，由于强降雨、冰雪融化、冰凌、堤坝溃决、风暴潮等原因引起江河湖泊及沿海水量增加、水位上涨而泛滥以及山洪暴发所造成的灾害称为洪水灾害；因大雨、暴雨或长期降雨量过于集中而产生大量的积水和径流，排水不及时，致使土地、房屋等渍水、受淹而造成的灾害称为雨涝灾害。由于洪水灾害和雨涝灾害往往同时或连续发生在同一地区，有时难以准确界定，往往统称为洪涝灾害。其中，洪水灾害按照成因，可以分为暴雨洪水、融雪洪水、冰凌洪水、风暴潮洪水等。根据雨涝发生季节和危害特点，可以将雨涝灾害分为春涝、夏涝、夏秋涝和秋涝等。

一、洪涝灾害的特点与危害

（一）洪涝灾害的特点

从洪涝灾害的发生机制来看，洪涝灾害具有明显的季节性、突发性、区域性和可防御性。

1. 季节性

洪涝灾害发生在多雨季节，特别是强降雨比较集中的时期，通常把这个时期称为汛期。如我国长江中下游地区的洪涝几乎全部都发生在夏季，并且成因也基本上相同。

2. 突发性

洪涝灾害在短时间内爆发，由于降雨比较集中，强度又大，超出了原有防汛设施的防御能力，在短时间内泛滥成灾。突出的有，1975 年 8 月，河南省驻马店地区普降特大暴雨，6h 降雨 860mm。在这场特大暴雨中，包括板桥水库、石漫滩水库在内的两座大型水库、两座中型水库、数十座小型水库和两个滞洪区在短短数小时内相继垮坝溃决，使驻马店地区猝然间沟壑横溢、顿成泽国，数以万计的人失去了生命。

3. 区域性

就全球范围来说，洪涝灾害主要发生在多台风暴雨的地区。这些地区主要包括：孟加拉北部及沿海地区；中国东南沿海；日本和东南亚国家；加勒比海地区和美国东部近海岸地区。此外，在一些国家的内陆大江大河流域，也容易出现洪涝灾害。

我国主要的洪涝区分布在大兴安岭—太行山—武陵山以东，这个地区又被南岭、大别山、秦岭、阴山分割为 4 个多发区。我国西部少雨，仅四川是洪涝多发区。

根据历史洪涝灾害统计资料，洪涝最严重的地区主要为东南沿海地区、湘赣地区、淮河流域，次多洪涝区有长江中下游地区、南岭、武夷山地区、海河和黄河下游地区、四川盆地、辽河、松花江地区。全国洪涝最少的地区是西北、内蒙古和青藏高原，次为黄土高原、云贵高原和东北地区。概括而言，洪涝分布总的特点是东部多，西部少；沿海多，内陆少；平原湖区多，高原山地少；山脉东、南坡多，西、北坡少。

同时，洪涝灾害具有很大的破坏性。洪涝灾害不仅对社会有害，造成人员伤亡、财产损失，甚至能够严重危害相邻流域，造成水系变迁。

但是，洪涝灾害仍具有可防御性。人类虽不可能根治洪水灾害，但通过各种努力，切实做好洪水和天气的科学预报、加强水利设施建设和滞洪区的合理规划、建立防汛抢险的应急体系，可以尽可能把灾害损失降低到最低限度。

（二）洪涝灾害的危害

在各种自然灾害中，洪涝灾害是最常见且又危害最大的一种。洪灾出现频率高，波及范围广，来势凶猛，破坏性极大。洪水不但淹没房屋和人口，造成大量人员伤亡，而且还卷走人群居留地的一切物品，包括粮食，并冲毁农田，毁坏作物，导致粮食大幅度减产，从而造成饥荒。洪水还会破坏工厂厂房、中断通讯与交通设施，从而造成对国家经济建设带来严重破坏。

21 世纪以来，世界各国曾先后发生过近 40 次特大洪涝灾害，每次都导致上万人的死亡和千百万人的流离失所。在近几十年中，洪涝发生频率与灾害损失都有增加的趋势。

中国自古就是洪涝灾害严重的国家。据不完全统计，在从公元前 206 年到 1949 年，共发生较大水灾 1092 次，死亡万人以上水灾每 5~6 年即出现一次，这种局面到现在虽有好转，但无根本改变。

据有关资料统计分析，1951—1990 年，我国平均每年发生严重洪涝灾害 5.9 次，平均受灾面积 667 万 hm²，其中成灾面积 470 万 hm²，死亡三四千人，倒塌房屋 200 余万间。

中华人民共和国成立后，洪涝灾害极为突出的有：

1975 年 8 月，河南大水。7503 号台风在福建登陆，经江西南部、湖北，5～7 日在河南省伏牛山麓停滞和徘徊 20 多个小时，最大降水量 1605mm，使汝河、沙颍河、唐白河三大水系各干支流河水猛涨，漫溢决堤，板桥、石漫滩水库垮坝失事，造成特大洪水，毁房断路，人畜溺毙，灾情极为严重（图 10-1，图 10-2）。

图 10-1　驻马店板桥水库特大溃坝

图 10-2　汝河群众大转移

1998 年 7 月下旬至 9 月中旬初，长江流域发生了自 1954 年以来的又一次全流域性大洪水。仅江西省，就有 93 个县（市、区）、1786 个乡镇、2009.79 万人受灾。农作物受淹面积 158.44 万 hm²，成灾面积 123.47 万 hm²，绝收面积 81.65 万 hm²；损坏房屋 189.85 万间，倒塌房屋 93.53 万间；因灾死亡 313 人，其中，水淹死 122 人、倒房或山体滑坡压死 173 人，雷击死亡 10 人。有 18378 家工矿企业停产，16737 家工矿企业部分停产。全省因灾害造成直接经济损失 376.81 亿元，其中，水利工程直接经济损失 38.9 亿元。1998 年 8 月 7 日，因洪涝灾害引发九江长江大堤溃堤，仅九江市就造成的直接经济损失已达 101.2 亿元。仅封堵长江大堤决口就耗资一个多亿。

洪涝灾害不但直接引起人员伤亡和财产损失，还造成一系列其他灾害如滑坡、泥石流、疫病的出现。

二、案例

（一）粮食仓库区域性洪涝灾害案例

1. 情景回放

1998 年 8 月 1 日，高水位浸泡近两个多月的簰洲湾长江大堤突然塌陷溃口，洪水汹涌咆哮着直扑堤内，六天之后，8 月 7 日 13 时 50 分，长江再度告急，九江大堤决堤 30m（图 10-3，图 10-4）。

图 10-3　九江大堤决堤

图 10-4　大堤决口被堵住场景

这次洪涝灾害，江西省粮食系统冲倒仓库 19 座，容量 2040 万 kg，仓库受损 268 座，共有 245 座仓库被淹，浸湿粮食 9260 万 kg，绝对损失 1820 万 kg。此外，仓储设施和粮油加工设备、多种经营设施及办公室、宿舍等也遭受严重破坏，共计损失折合人民币 2548 万元。

2. 原因分析

1998 年，中国大地气候异常。6 月 12 日到 8 月 27 日，汛期主雨带一直在我国长江流域南北拉锯及上下摆动。长江流域在经历了冬春多雨和 6 月梅雨季节之后，7 月下旬迎来了历史上少见的高强度"二度梅"，水位长期居高不下，连续五十多天居高不下的水位，一次又一次冲击大江堤坝的洪峰，给沿江各省市的工农业生产及人民群众生命、财产带来巨大威胁和损失。

此次洪水的发生与诸多因素有关，其中异常多的降水是最直接的因子。另外还有其他方面的原因，归结起来有以下几点。

（1）前期降雨偏多，中下游地区底水偏高　1997 年冬季至 1998 年春季，长江中下游地区的气候反常，江南频繁出现大雨或暴雨，出现了枯季不枯的异常情况。由于长江流域冬春季降水偏多，湘江、赣江、闽江和广东北江干流 3 月发生洪水，汉口水文站 3 月 16 日水位达到 21.33m，为有记录以来同期最高值，这几条江河的春汛比常年提前 1 个月。

江南出现持续性阴雨天气，部分农田出现渍涝。这些情况说明在 1998 年梅雨期开始前，江南的土壤含水量接近饱和，江河和水库的水位已经很高。冬春季土壤含水量接近饱和以及江河水库水位很高导致在汛期土壤和江河不能再容纳大量水分，必然造成地表面大量强径流，引起江河泛滥。

（2）降雨集中且强度大，大到暴雨甚至特大暴雨出现频繁　1998 年 6~8 月，副热带高压（简称副高）西北侧的暖湿气流与南下的冷空气频繁在我国长江流域交汇，长江流域大部频降大雨、暴雨和大暴雨，局部降特大暴雨。3 个月内，长江上游、中游和下游大部分地区的总降水量一般有 800~1000mm，沿江及江南部分地区超过 1000mm，降水量较常年同期偏多 6 成以上（图 10-5）。

从图 10-5 可以看出，1998 年夏季长江流域降水量仅次于 1954 年，排名第二。全流域性降水使水位持续上升不断出现洪峰。

（3）洪水调蓄能力降低　由于淤积、围垦等原因，长江中下游的湖泊面积减少了 45.5%。

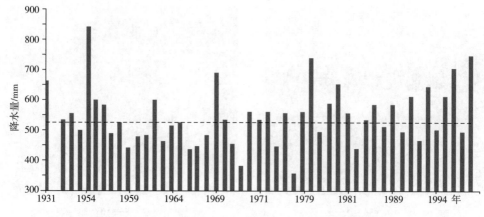

图 10-5　长江流域 1931—1998 年 6～8 月降水量柱状图

仅洞庭湖、鄱阳湖和汉水湖群，20 世纪 50 年代以来由于围垦和淤积而丧失的湖泊容积就超过 300 亿 m³，大大降低了长江中下游湖泊的调洪能力。

（4）河道行洪能力降低　由于河道淤积、滩地围垦、设障严重等原因，致使河道过水断面缩窄，洪水出路变小，泄流不畅，洪水行进缓慢，加剧了上下游洪水的顶托作用，使水位不断抬高。

由此可见，前期多雨，底水高，汛期雨带长期停滞，降雨集中，加上湖泊的调蓄和河道的行洪能力下降，是导致 1998 年长江流域出现全流域性大洪水的主要原因。

（5）粮食仓库自身原因　粮食仓房浸水、倒塌的另一方面原因，一是计划经济时期，为便于农民交粮，部分仓房建在水患区内，粮食收购后没有及时转运走；二是部分仓房地势低洼，当年仓房建设选址时没有严格把关；三是仓房由于资金缺乏，年久失修，难以抵御洪涝灾害的冲击，导致仓房倒塌。

3. 应急处理

8 月 1 日长江决堤灾情发生后，省局在 6 月 17 日向各地市县粮食局发出《关于认真做好抗洪抢险救灾工作》和 7 月 3 日、7 月 6 日向全省连续发出了《关于认真做好水患粮处理工作的紧急通知》及其补充通知（赣府字［1998］46 号、49 号）的基础上，于 8 月 1 日晚紧急发出明传电报，要求各地把抗洪抢险工作作为压倒一切的首要任务来抓，严肃防汛纪律，并要求受灾的地、市、县粮食局立即启动防汛抢险应急预案，迅速组织人员、车辆、器材奔赴受灾库点紧急抢险。

（1）紧急疏散受灾库区人员　对库区内人员进行紧急疏散，就近转移到地势较高的地段，并给予妥善安置。特别是对老弱病残、妇女儿童进行认真清点，优先保证其人身安全。

（2）转移库区重要物质　对库区内的现金、支票、账册、凭证、检化验仪器、文件、档案等重要物品由相关人员进行紧急转移，防止丢失、毁坏。因水淹后受潮容易损坏的设施、设备抢在被淹之前，优先转移。

（3）封堵仓门和通风口　对尚未受淹的仓房的仓库门和通风洞口用土袋、塑料薄膜、油毡或其他材料进行封堵，尽可能阻止洪水流入仓库。

（4）抢运粮食　对于已进水的粮仓，及时组织人力、车船、抢救转运上层未浸湿粮食。

对于受水淹已吸潮的粮食，退水后尽快组织人员整晒处理。有使用价值的，能利用尽量利用，把损失降到最低限度。

（5）密切注视灾情变化 对库区内的仓房、厂房和其他建筑物，库区内的机电设备和其他机械设施都要重点保护。对水淹后的仓房、厂房及其他建筑物要密切关注，防止地基软化，洪水冲击造成房屋倒塌伤人。

（6）灾情统计上报 将粮食仓库受淹情况迅速向当地政府和上级主管部门报告。

（二）粮食仓库洪涝灾害典型个案

2007年6月18日凌晨4时，位于山西省稷山县境内北部的蓄水池发生溃堤事故，洪水沿着东北方向袭击了山西省稷山某粮食仓库，5时30分左右洪水逐渐退却。一些仓房进水严重，造成部分粮食遭水浸泡。洪水还导致粮食仓库供电系统中断，机械设备和其他设施受损，所幸无人员伤亡。

2007年8月8日22时左右，陕西省储备粮咸阳某粮食仓库因强降雨造成库区大量积水，于是启动应急预案进行抢险，在此过程中一名职工实施机械排水时触电，于次日凌晨1时死亡。

2008年7月18~20日，宁夏惠农某粮食仓库连续遭暴雨袭击，造成库区积水成灾，部分粮垛受雨水侵害。

2008年8月上旬，受台风"凤凰"影响，某粮食仓库发生粮仓被水浸泡事故，库区积水最深达1.8m，致使该库14栋仓房的26个廒间进水，约5万t粮食受到水患威胁，超过1万t的粮食被水浸泡。

（三）洪涝灾害引发泥石流灾害案例

伴随洪涝灾害的发生，在有些地方还会发生泥石流灾害，突出的有：

2010年8月7日22时，甘南藏族自治州舟曲县突降强降雨，县城北面的罗家峪、三眼峪泥石流下泄，由北向南冲向县城，造成沿河房屋被冲毁，泥石流阻断白龙江、形成堰塞湖。截至当日16时统计，泥石流灾害已造成127人死亡，76人受伤，近2000人失踪，紧急转移安置4.5万人，倒塌房屋120余户300余间（图10-6）。

图10-6 舟曲县泥石流灾害

2010年8月19日，云南省盐津县境内突降暴雨，此次强降雨持续时间长，强度大，山洪暴发引发泥石流灾害，导致某粮食仓库大面积积水和泥沙堆积，最深积水达70cm，致使500t储备玉米被水淹，受灾面积达1852m^2，4480t仓容、300m围墙、1200m院坝损毁。

三、粮食仓库洪涝灾害的防治

我国粮油仓储行业每年都遭受洪涝灾害不同程度的侵扰和危害，损失巨大。尽管无法阻止自然现象的发生，但如果在粮仓选址、建立健全防灾制度，完善应急预案，落实防灾措施等方面做得更好，就可以尽量限制它们所造成的负面影响。

（一）粮仓选址

粮食仓库仓址的选择，应根据粮仓储粮的特点结合自然环境进行选址，即应尊重自然，顺应自然规律，与自然和谐相处的地方。

第一，选择在地下水位低的高地，并且土质坚硬、通风良好、四周排水畅通、护坡坚固，同时要避让高压线等影响粮仓安全的设施；

第二，粮仓不能建在地震带上，如果万不得已要建在地震带上，必须有防震措施；

第三，经常发生泥石流的地方不能作为粮仓选址的地方；

第四，雷区不能建粮仓；

第五，粮仓不能建在水库堤坝的下方。

（二）建立健全防汛制度

粮食仓库需要建立健全的防汛制度主要有：

1. 防汛岗位责任制

防汛工作实行各级人民政府行政首长负责制，实行统一指挥，分级分部门负责。粮食系统的防汛岗位责任制实行粮食行政管理部门行政主要领导负责制，各级粮食部门主要负责同志对防汛工作负总责，分管粮食仓储工作的副职和仓储管理部门具体负责，各有关部门予以协助，各有关人员分兵把口，基层粮食企业为具体落实单位。

2. 检查监督制

分为汛前检查和汛期检查。汛前结合储粮普查，检查防汛物资、器材的配备情况，水患粮处理和转移情况，防汛应急队伍的组织情况等；汛期在当地防汛指挥部的统一领导下，重点检查堤防、库和储粮的安全，检查防汛措施的落实。汛期都是多雨的季节，除了检查防汛工作外，还要对仓库的屋面、墙壁、门窗和库区的排水系统进行重点检查，发现异常，立即采取措施，排除隐患，确保库区内排水系统畅通无阻，确保仓库和储粮的安全。检查分自查、抽查、复查和普查等形式。

3. 水患粮处理报告制

每年3~8月，对水患区的水患粮食仓库存放及处理情况逐级进行报告，分堤外堤内分类统计，现有库存多少，已处理多少，还有多少需要处理，水患粮分布的主要库点等，做到心中有数。

4. 汛期值班巡查制

汛期到来，各级粮食行政管理部门和洪泛区的粮食企事业单位都要建立24h值班制，加强与水文、气象、水利、应急等部门的联系，加强库区巡查，了解、掌握汛情变化情况，遇有紧急情况及时启动应急预案，并向分管领导、当地应急管理部门和防汛指挥部报告，在第一时间内得到妥善处理。

5. 灾情统计报告制

灾情发生后，要积极进行抢救，努力把灾害损失降到最低限度，并认真总结经验教训，分析灾害发生的原因和在防灾工作中存在的薄弱环节，认真加以整改。对灾害所造成的损失要逐点逐仓进行评估统计。粮食损失分为绝对损失和部分损失。绝对损失是指粮食被水淹后全部发热霉烂，已丧失了全部使用价值，在计算损失金额时，储备粮按入库成本价乘以损失数量，商品周转粮除按入库成本价乘以损失数量外，还应加上储存期间粮食占用货款的利息支出。部分损失是指粮仓进水后，部分粮食受淹，经抢救后，实际损失的粮食数量和因灾造成的降等降价损失。在计算损失金额时，降等降价损失部分只计算粮食经降价处理后残值与原值的差额。在统计粮食损失的同时，对企业的生产设施、生活设施所造成的损失也一并统计上报。对灾害损失的统计一定要贯彻实事求是的原则，严禁弄虚作假，人为夸大灾情损失。为减轻洪涝灾害对企业造成的损失，根据《中华人民共和国防洪法》，国家鼓励，扶持开展洪水保险。

（三）完善防汛应急预案

粮食企业防汛应急预案是根据粮食企业安全生产工作制定的。在高温多雨季节，粮食仓库要做好防汛、防雷击和防台风工作，靠近江河和地势低洼、易受洪水危害的粮食仓库更要特别注意加强防范。

由于洪汛是大多数单位所面临的隐患，客观或主观原因都有可能发生紧急情况或意外事故，因此，在日常工作中，针对责任区制定有效的事故应急救援预案，是确保粮食安全生产的重要环节，对安全保障至关重要。

各有关单位要建立预案，确定可能发生的事故或紧急情况，针对潜在的事故或紧急情况做出响应，预防事故的发生，尽可能减少或消除由于紧急情况或意外事故所造成的人员伤亡或财产损失。

粮食行业防汛应急预案包括组织领导，成立防汛抢险突击队，防汛物资保障，预警预报，灾情预报，紧急响应，应急救援，通讯联络，人员、财产的转移疏散，治安保卫，危粮处理，灾后粮食供应，部门、岗位分工等，并将预案内容落实到具体部门和岗位。

预案制定后，要组织有关专业技术人员，认真评价应急预案与响应实际效果的计划和程序，根据实际情况定期检验。力求使预案形式规范统一，内容全面完整，措施科学合理，实行信息化管理，确保在任何情况下都能及时查阅与使用。

防汛应急预案要以书面形式发给所有部门，并供所有员工参阅。部门负责人和安全检查员应熟悉计划的所有内容，以确保部门内的员工清楚地了解在事故发生时他们的作用和职责，以确保应急预案能迅速启动，投入运行。

应急预案制定完后，必须对应急预案进行演练。防汛应急预案是用来预防事故，并在事故发生时的应急策略、程序或规则，那么，应急救援预案的演练则是检验预案的系统性、有效性、可操作性的重要环节，使有关人员熟悉预案、知晓流程，保持常备不懈的思想。

演练的目的是检验预案自身的系统性、有效性和可操作性，以及预案落实过程中发现的问题，以及时进行整改或进一步落实。

（四）防汛措施落实

防汛措施通常体现在防汛意识、责任、物料、队伍等工作上，因此，必须做到以下几点：

1. 防汛意识认识到位

各级领导必须高度重视防汛工作，认真贯彻落实党中央、国务院及中央领导对防汛工作的重要指示精神，提高思想认识，增强防汛意识，有灾无灾做有灾准备，小灾大灾做大灾准备，居安思危，常备不懈，克服侥幸、麻痹思想，切实把汛期安全作为工作的重中之重，始终保持防汛抗灾的高度警惕性。

各级粮食行政管理部门，为确保汛期安全，都要以高度的责任感和对人民极端负责的精神，严格按照上级部署和调度，积极做好防汛抗灾工作。同时，对防汛工作，早部署、早安排、力争主动。汛前，认真处理好水患区存粮，对一类水患区的粮食必须采取紧急措施，迅速制定处理方案，做到"两早、两优"，即早转移、早集并；优先销售、优先处理，保证在汛期到来之前库无存粮。对二类水患区粮食的库点也要密切注视水情变化，加快销售处理力度，做好粮食转移准备工作，做到洪汛到来，库无险粮，确保粮食安全度汛，坚决杜绝责任事故的发生。

2. 防汛责任落实到位

坚持依法防汛，进一步落实以部门领导和企业负责人为核心的各项防汛责任制。严明纪律，坚守岗位，分工协作，健全统一指挥、反应灵敏、协调有序、运转高效的抗灾、救灾组织指挥体系。要层层建立责任制，确保责任落实到基层企业，确保落实到应急准备、预警预防、抢险救援、紧急转移安置、生活救助和灾后重建等各个环节，进一步提高基层企业对洪灾的防御和应对能力。

3. 防汛物料落实到位

防汛物料能否按要求配足配齐，是确保汛期安全的重要保证。粮食企业的防汛物料的准备和落实一是要在当地防汛抗旱总指挥部（以下简称"防总"）的统一指挥下，按防总的要求，在规定时间、规定地点，保质保量配齐防汛所需的麻袋、编织袋等备用物质。对于防汛储备物质，必须有专人保管、专仓存放、专人负责，不得擅自挪用。一旦防汛需要，确保能随时提供到位。二是企业本身的防汛物料在汛前也要落实到位，比如以备应急使用的砾石、油毡、篷布和塑料薄膜等都要提前准备好。

4. 防汛队伍落实到位

基层粮食企业要组织精干人员成立防汛预备突击队，突击队员必须召之即来，来之能战，随时集中，听候调遣。以基干民兵为主体，组织常备队伍，分清梯次，逐一登记造册，及时搞好技术、实战演练；搞好培训演练，进一步提升抢险队对突发险情快速、灵活、机动的抢险能力。

5. 防汛值班落实到位

进入主汛期，各级粮食行政管理部门和涉汛粮食企业都要加强防汛值班，严格值班纪律，值班人员坚持24h不空岗，及时做好汛情的上传下达，确保通讯畅通，确保防汛工作的有序开展。值班人员要忠于职守，认真收集、掌握有关情况，遇紧急情况立即上报。要严明纪律，明确责任，对擅自离岗，玩忽职守，失职渎职的，坚决予以查处，追究责任，严肃处理。

6. 防汛应急预案落实到位

各级粮食行政管理部门及水患区的粮食企业都要根据自身的特点和实际情况，制订防汛预案，预案的内容应包括预警预报，灾情预报，紧急响应，救援、通讯联络，人员、财产的转移疏散，部门、岗位分工，组织领导等，并将预案落实到具体部门和岗位，以确保应急预案能迅速启动，投入运行。

四、延伸知识

（一）国家防汛机构

我国设立防汛机构大体上分为如下几个阶段。

1. 设立江河流域管理机构

淮河的流域管理机构设置较早，1909 年初名江苏水利公司，后几经易名，1929 年 1 月改设导淮委员会；1918 年顺直水利委员会成立，负责黄河、海河的河政管理，1928 年改为华北水利委员会，1933 年 9 月成立黄河水利委员会；1914 年设立广东治河处，次年改称广东治河委员会，1937 年成立珠江水利局，1947 年改称珠江水利总局。

中华人民共和国成立后，黄河建立了新的黄河水利委员会，长江 1950 年成立了长江水利委员会，淮河 1950 年成立治淮委员会，珠江 1979 年成立了珠江水利委员会，海河 1980 年 4 月成立海河水利委员会，松花江辽河 1982 年底成立了松辽水利委员会，太湖 1984 年 12 月成立了太湖流域管理局。

2. 建立国家水利行政机构

全国统一的水利委员会始建于 1934 年。1947 年改称水利部，并成立黄河、长江水利委员会，淮河、珠江、华北、东北工程总局，海河、江汉、泾洛工程局等机构。中华人民共和国成立后，政务院下设水利部。

1958 年以后，政府机构虽经历多次改革，但一直设有水利部或水利电力部，主持全国水利。防洪是水利部门的重要业务之一。

3. 建立各级防汛指挥机构

1950 年 6 月 6 日，中央人民政府政务院作出《关于建立各级防汛指挥机构的决定》，明确以地方行政为主体，邀请驻地解放军代表参加，组成统一的防汛机构，正式成立中央防汛总指挥部。

1971 年，国务院、中央军委决定撤销中央防汛总指挥部，成立中央防汛抗旱总指挥部。

1985 年，重新恢复中央防汛总指挥部（国发〔1985〕84 号）。

1988 年，国务院和中央军委决定成立国家防汛总指挥部（国发〔1988〕34 号）。

1992 年，国务院办公厅以国办发〔1992〕45 号文，将国家防汛总指挥部更名为国家防汛抗旱总指挥部，组成单位不变。

1993 年，国务院办公厅以国办发〔1993〕32 号通知，国务委员担任总指挥，水利部部长、国务院副秘书长等任副总指挥。

1995 年，国务院办公厅国发〔1995〕32 号通知，由国务院副总理担任总指挥。

1999 年，国务院办公厅以国办发〔1999〕30 号通知，由国务院副总理担任总指挥，水利部部长、国务院副秘书长任副总指挥。

2003 年，国务院办公厅以国办发〔2003〕17 号通知，国务院副总理担任总指挥，水利部部长、国务院副秘书长任副总指挥，水利部副部长任秘书长。2004 年因分工调整，国务院副秘书长接替副总指挥。

2008 年，国务院办公厅以国办发〔2008〕21 号通知，由国务院副总理担任总指挥，水利部部长、国务院副秘书长任副总指挥，水利部副部长任秘书长。

2013 年，国务院办公厅以国办发〔2013〕33 号通知，由国务院副总理担任总指挥，水利部部长、中国人民解放军副总参谋长、国务院副秘书长任副总指挥，水利部副部长任秘书长。

2018 年，国务院办公厅以国办发〔2018〕49 号通知，由国务院副总理担任总指挥，国务委员、水利部部长、应急部党组书记兼副部长、中央军委联合参谋部副参谋长、国务院机关党组成员任副总指挥，水利部兼应急部副部长任秘书长。

各省、市、自治区都按照国务院的决定成立了防汛抗旱指挥机构。省（市）级粮食行政管理部门一般为省防总成员单位，受省防总统一指挥。负责行业防汛的指导、检查、督促，包括汛前粮食的转移，防汛物质、器材的准备等；并承担省防总交办的防汛物质（麻袋、编织袋）的储备及灾后救灾粮的供应等任务。各市、县粮食行政管理部门都是当地防总成员单位之一，受当地防总的统一指挥，承担相应的职责任务。在各级防总的统一指挥下，省、市、县粮食行政管理部门都成立了以主管领导为组长的防汛领导小组，下设办公室，具体工作由仓储处（科、股）负责。

地处沿江、沿河、沿湖的水患区粮食企业，普遍都建立了以企业负责人为组长的防汛领导小组，成立了抗洪抢险小分队，制订防汛应急预案，落实防汛工作职责。

4. 主要河流的防汛指挥机构

1950 年 6 月，黄河防汛总指挥部成立，中央人民政府政务院《关于建立各级防讯指挥机构的决定》明确指出："黄河上游防汛，即由所在各省负责办理，下游山东、平原、河南三省设黄河防汛总指挥部，受中央防汛总指挥部领导，主任一人，副主任三人，由平原、山东、河南三省人民政府主席或副主席兼任。三省各设黄河防汛指挥部，主任一人由省人民政府主席或副主席兼任，副主任二人由该省军区代表及黄河河务局局长兼任，受黄河防汛总指挥部领导。"1962 年国务院通知，黄河防汛总指挥部由山西、陕西、河南、山东四省负责人组成。河南省负责人任总指挥，其他三省和黄委会负责人任副总指挥。1983 年经国务院批准，黄河防汛总指挥部由河南省省长任总指挥，山东、山西、陕西省主管农业的副省长和黄委会主任任副总指挥，不再因省（委）领导成员变动办理任免手续。

1971 年 7 月 3 日，长江中下游防汛总指挥部成立，由长江中下游的湖北、湖南、安徽、江西、江苏、上海等省、直辖市人民政府和长江水利委员会负责人等组成，湖北省省长任总指挥。1996 年，指挥部成员增加上游的四川、重庆两省市，故易名为长江防汛总指挥部。其办事机构设在长江水利委员会。

（二）洪涝灾害有关知识

1. 降水量

降水量是一定时间内降落到水平面上，假定无渗漏、不流失、不蒸发，累积起来的水的深度，是衡量一个地区降水多少的数据。其单位是毫米（mm）。常用年降水量来描述该地气候，是除气候类型之外的一个重要指标，并用等降水量线来划分各个干湿区域。中国的平均值与 25mm 接近。

2. 降雨等级划分

（1）小雨 雨点清晰可见，没漂浮现象；下地不四溅；洼地积水很慢；屋上雨声微弱，屋檐只有滴水；12h 内降水量<5mm 或 24h 内降水量<10mm 的降雨过程。

（2）中雨 雨落如线，雨滴不易分辨；落硬地四溅；洼地积水较快；屋顶有沙沙雨声；12h 内降水量 5~15mm 或 24h 内降水量 10~25mm 的降雨过程。

（3）大雨 雨降如倾盆，模糊成片；洼地积水极快；屋顶有哗哗雨声；12h 内降水量 15~30mm 或 24h 内降水量 25~50mm 的降雨过程。

（4）暴雨 凡 24h 内降水量超过 50mm 的降雨过程统称为暴雨。根据暴雨的强度可分为：暴雨、大暴雨、特大暴雨三种。

暴雨：12h 内降水量 30~70mm 或 24h 内降水量 50~100mm 的降雨过程。

大暴雨：12h 内降水量 70~140mm 或 24h 内降水量 100~250mm 的降雨过程。

特大暴雨：12h 内降水量>140mm 或 24h 内降水量>250mm 的降雨过程。

3. 洪涝灾害等级划分

（1）特大灾　在县级行政区域造成农作物绝收面积（指减产八成以上，下同）：占播种面积的 30%；在县级行政区域倒塌房屋间数占房屋总数的 1%以上，损坏房屋间数占房屋总间数的 2%以上；灾害死亡 100 人以上；灾害直接经济损失 3 亿元以上。

（2）大灾　在县级行政区域造成农作物绝收面积占播种面积的 10%；在县级行政区域倒塌房屋间数占房屋总数的 0.3%以上，损坏房屋间数占房屋总间数的 1.5%以上；灾害死亡 30 人以上；灾区直接经济损失 3 亿元以上。

（3）中灾　在县级行政区域造成农作物绝收面积占播种面积的 1.1%；在县级行政区域倒塌房屋间数占房屋总数的 0.3%以上，损坏房屋间数占房屋总间数的 1%以上；灾害死亡 10 人以上；灾区直接经济损失 5000 万元以上。

（4）轻灾　轻灾一级：灾区死亡和失踪 8 人以上；洪涝灾情直接威胁 100 人以上群众生命财产安全；直接经济损失 3000 万元以上。

轻灾二级：灾区死亡和失踪人数 5 人以上；洪涝灾情直接威胁 50 人以上群众生命财产安全；直接经济损失 1000 万元以上。

轻灾三级：灾区死亡和失踪人数 3 人以上；洪涝灾情直接威胁 30 人以上群众生命财产安全；直接经济损失 500 万元以上。

4. 国家防汛应急响应级别

国家防汛应急响应级别共为四级，其中Ⅰ级为最高级别。

Ⅰ级应急响应。出现下列情况之一者，为Ⅰ级响应：

（1）某个流域发生特大洪水；

（2）多个流域同时发生大洪水；

（3）大江大河干流重要河段堤防发生决口；

（4）重点大型水库发生垮坝；

（5）多个省（区、市）发生特大干旱；

（6）多座大型以上城市发生极度干旱。

Ⅱ级应急响应。出现下列情况之一者，为Ⅱ级响应：

（1）一个流域发生大洪水；

（2）大江大河干流一般河段及主要支流堤防发生决口；

（3）数省（区、市）多个市（地）发生严重洪涝灾害；

（4）一般大中型水库发生垮坝；

（5）数省（区、市）多个市（地）发生严重干旱或一省（区、市）发生特大干旱；

（6）多个大城市发生严重干旱，或大中城市发生极度干旱。

Ⅲ级应急响应。出现下列情况之一者，为Ⅲ级响应：

（1）数省（区、市）同时发生洪涝灾害；

（2）一省（区、市）发生较大洪水；

（3）大江大河干流堤防出现重大险情；

（4）大中型水库出现严重险情或小型水库发生垮坝；

（5）数省（区、市）同时发生中度以上的干旱灾害；

（6）多座大型以上城市同时发生中度干旱；

（7）一座大型城市发生严重干旱。

Ⅳ级应急响应。出现下列情况之一者，为Ⅳ级响应：

（1）数省（区、市）同时发生一般洪水；

（2）数省（区、市）同时发生轻度干旱；

（3）大江大河干流堤防出现险情；

（4）大中型水库出现险情；

（5）多座大型以上城市同时因旱影响正常供水。

（三）泥石流灾害有关知识

泥石流是山区常见的一种自然灾害现象，是由泥沙、石块等松散固体物质和水混合组成的一种特殊流体。它暴发时，山谷轰鸣，地面震动，浓稠的流体汹涌澎湃，沿着山谷或坡面顺势而下，冲向山外或坡脚，往往在顷刻之间造成人员伤亡和财产损失。

1. 泥石流的基本特点

活动频繁，来势凶猛，常使人猝不及防。一次泥石流的成灾范围大小不一，孤立的泥石流一般为几平方千米到几十平方千米，区域性泥石流达几十到几百平方千米，最大超过 $1000 km^2$。

2. 泥石流的危害

泥石流具有广泛破坏效应，主要表现为：摧毁城镇、村庄、矿山、工厂、工程设施，造成人员伤亡和财产损失；破坏铁路、公路、桥梁、车站，颠覆淤埋火车、汽车，淤塞航道，破坏水陆交通运输；淤积河道、湖泊、水库，破坏水利工程，加剧洪水灾害；破坏国土资源和流域生态环境，加剧山区贫困。

3. 形成泥石流必须具备的条件

形成泥石流必须具备的条件：一是适宜的地形地貌；二是充分的固体碎屑物质来源；三是大量而又急促的水流。

第三节　冰雪灾害

冰雪灾害由冰川引起的灾害和积雪、降雪引起的雪灾两部分组成。冰雪灾害对工程设施、交通运输和人民生命财产造成直接破坏，是比较严重的自然灾害。冰雪灾害多发生在山区，一般对人身和工农业生产的直接影响不大。其最大危害是对公路交通运输造成影响，由此造成一系列的间接损失。

冰雪灾害是一种常见的气象灾害，拉尼娜现象是造成低温冰雪灾害的主要原因。中国属季风大陆性气候，冬、春季时天气、气候诸要素变率大，导致各种冰雪灾害每年都有可能发生。在全球气候变化的影响下，冰雪灾害成灾因素复杂，致使对雨雪预测预报难度不断增加。

中国冰雪灾害种类多、分布广。东起渤海，西至帕米尔高原；南自云南高黎贡山，北抵黑龙江漠河，在纵横数千公里的国土上，每年都受到不同程度冰雪灾害的危害。

一、案例

1. 情景回放

2008 年 1 月 10 日至 2 月 2 日，持续性的低温、雨雪、冰冻等极端天气接连 4 次袭击了我国南方大部分地区。雨雪天气迅速波及全国 22 个省（区、市），范围覆盖大半个中国，仅湖南、贵州、江西等几个重点受灾省的面积就达上百万平方公里；贵州、湖南的一些输电线路覆冰厚度达 30~60mm；江淮等地出现了 30~50cm 的积雪。灾害影响范围、强度、持续时间，总体上为 50 年一遇，其中贵州、湖南等地属百年一遇。截至 2008 年 2 月 12 日，低温雨雪冰冻灾害已造成 22 个省（区、市、兵团）不同程度受灾，因灾死亡 107 人，失踪 8 人，紧急转移安置 151.2 万人，累计救助铁路公路滞留人员 192.7 万人；农作物受灾面积 1.77 亿亩，绝收 2530 亩；森林受损面积近 2.6 亿亩；倒塌房屋 35.4 万间；造成 1111 亿元人民币直接经济损失（图 10-7、图 10-8）。

图 10-7　冰雪灾害场景（一）

图 10-8　冰雪灾害场景（二）

此次冰雪灾害，粮食企业也损失巨大。以江西省为例，就仓房损失一项，高达 9597 万元。其中冰雪灾害压塌粮仓 59 座，仓容为 4.44 万 t；屋面损坏 159.7 万 m^2、仓墙倒塌 5.4 万 m^2，受影响仓容 250 万 t。同时，灾害还造成 32.57 万 t 粮食受到影响，其中直接损失 1.68 万 t（图 10-9 至图 10-11）。

图 10-9　冰雪灾害压塌的粮仓（一）

图 10-10　冰雪灾害压塌的粮仓（二）

2. 原因分析

（1）极端天气 一是拉尼娜的影响。2008年的全球大的气候背景是"拉尼娜现象"。"拉尼娜现象"是指某些年份，赤道附近太平洋中东部的海面温度异常变冷的现象。"拉尼娜现象"出现时容易造成我国冷冬热夏的天气状况。从2007年6月，赤道西太平洋海温持续异常偏暖且范围明显扩大，赤道中、东太平洋海温呈偏低趋势。2007年9月，赤道中、东太平洋已进入拉尼娜状态。10月份，赤道中、东太平洋的拉尼娜状态已完全建立。至2008年1月，已连续7个月赤道中、东太平洋海表温度较常年同期偏低0.5℃以上，虽远在太平洋的东海岸，却对我国造成极

图10-11 冰雪灾害压塌的粮仓（三）

大影响。南太平洋的低温如何扩展到了全球？致使洋流发生运动的重要因素之一就是风。由于信风的存在，使得大量温暖的海水从东太平洋被吹水送到赤道西太平洋地区（中国、日本），在赤道东太平洋地区温暖海水被带走后，主要依靠海面以下的冷水进行补充。赤道东太平洋海温明显比西太平洋地区海温偏低，这就使得气流在赤道太平洋东部下沉，从而加剧了气流在西太平洋上的上升运动，削弱了来自西太平洋上的副高，加强信风和西风，进一步加剧赤道东太平洋冷水的发展，形成恶性循环，最终使得"拉尼娜"的影响从东太平洋（秘鲁）扩散到全球，尤其是中国。

二是风带的影响。这里所谈的风带主要是西风带和信风带。首先谈西风带带来的影响。中国受西风带的影响主要来自于两个方向，一个是从西路过来的冷空气，它借助于西风带加强从冰岛大西洋沿途过来，经过欧洲地中海横扫整个欧亚大陆，由于这股冷空气来自于湿润的大西洋，带来了大量的降雪。2008年因为这股冷空气，极度干旱的巴格达降下了百年以来的第一场雪，中亚地区特别是阿富汗山区积雪超过2米。第二个是来自西伯利亚的极地冷气团，由于该气团寒冷干燥，移动到我国南方地区时会对该地区造成一定影响，比如造成降温、大风天气。再谈信风带的影响。由于太阳直射点的南移，信风带在过去对我国的影响并不大，但由于"拉尼娜"的加强，加上西风带受到青藏高原阻挡，分流至喜马拉雅山脉南翼逐渐加热加湿的气团，使得我国南部受到了来自印度洋大量的暖湿气流，造成云贵高原的气温比常年还要高。由于太平洋上的副高减弱，因而南北两股冷空气可以长驱直入中国内陆，信风带来的暖湿气流控制南方。过去北方的冷空气南下只是单一地控制全国，全国天气都是寒冷干燥，但2008年的"拉尼娜"引导着信风带来大量水汽，与北方干燥寒冷的气团在长江中下游地区交汇，形成了大范围的降雪。

三是地形的影响。南方地区的地形也为这次雪灾的发生创造条件。首先，我国的东南沿海地区为平原地形，拉尼娜所产生的太平洋西海岸的暖湿气流很容易进入。其次，从大西洋方向吹过来的西风受到青藏高原阻挡而分流，其南支带来大量印度洋上的暖湿气流，进一步增强暖湿气流向我国的输送。从西伯利亚吹过来的冷空气随我国西高东低的整体地势特征，从北可长驱直入到南方地区。冷空气在南下过程中，在秦岭、大巴山一带抬升，但由于该地区空气干燥，没有形成大量的降水；冷气团继续南下时，受到南岭的阻挡，再次被迫抬升，与暖湿气流

接触，且长时间停留，形成大量降水。

（2）粮仓年久失修 全省除三批国债兴建的库点外，大都是 1998 年以前兴建的砖墙瓦屋面木梁平房仓。粮食企业为薄利行业，尤其在过去计划经济时期，长期亏损，无力投入资金改造，因此，仓储设施老化，年久失修的状况很普遍，从而导致抗灾能力差。

3. 应急处理

这次灾害来势凶猛，强度大、范围广、持续时间长，各地的基本做法是：

一是启动应急预案，组织人力、车辆、器材等投入抢险工作；

二是清理灾害痕迹，抢运出受灾粮食，把损失降到最低；

三是尽早修复被损坏的仓房、罩棚及有关生产设施设备，恢复生产。

二、粮食仓库冰雪灾害的防治

（一）完善灾害应对体系建设

建立相应的组织，完善应急预案，并合理安排资金，购置防灾设备、储备防灾物资，按照应急预案的要求定期进行防灾演练。

（二）改变传统的设计理念，增强粮仓的抗灾强度

在粮油储备设施建设中，要充分考虑到各种灾害可能带来的影响。要有超前意识，陈旧的设备必须及时更换，结构抗力等级要能够满足五十年一遇灾害的考验。

（三）建立粮仓的定期检查制度

定期对仓房进行检查，建立仓房"健康"档案，发现问题，及时维修。

三、延伸知识

（一）降雪等级划分

1. 小雪

12h 内降雪量<1.0mm（折合为融化后的雨水量，下同）或 24h 内降雪量<2.5mm 的降雪过程。

2. 中雪

12h 内降雪量 1.0~3.0mm 或 24h 内降雪量 2.5~5.0mm 或积雪深度达 3cm 的降雪过程。

3. 大雪

12h 内降雪量 3.0~6.0mm 或 24h 内降雪量 5.0~10.0mm 或积雪深度达 5cm 的降雪过程。

4. 暴雪

12h 内降雪量>6.0mm 或 24h 内降雪量>10.0mm 或积雪深度达 8cm 的降雪过程。

（二）暴雪预警与防御指南

暴雪预警信号分四级，分别以蓝色、黄色、橙色、红色表示。

1. 暴雪蓝色预警信号

定义：12h 内降雪量将达 4mm 以上，或者已达 4mm 以上且降雪持续，可能对交通或者农牧业有影响。

防御指南：第一，政府及有关部门按照职责做好防雪灾和防冻害准备工作；第二，交通、铁路、电力、通信等部门应当进行道路、铁路、线路巡查维护，做好道路清扫和积雪融化工作；第三，行人注意防寒防滑，驾驶人员小心驾驶，车辆应当采取防滑措施；第四，农牧区和

种养殖业要储备饲料，做好防雪灾和防冻害准备；第五，加固棚架等易被雪压的临时搭建物。

2. 暴雪黄色预警信号

定义：12h 内降雪量将达 6mm 以上，或者已达 6mm 以上且降雪持续，可能对交通或者农牧业有影响。

防御指南：第一，政府及相关部门按照职责落实防雪灾和防冻害措施；第二，交通、铁路、电力、通信等部门应当加强道路、铁路、线路巡查维护，做好道路清扫和积雪融化工作；第三，行人注意防寒防滑，驾驶人员小心驾驶，车辆应当采取防滑措施；第四，农牧区和种养殖业要备足饲料，做好防雪灾和防冻害准备；第五，加固棚架等易被雪压的临时搭建物。

3. 暴雪橙色预警信号

定义：6h 内降雪量将达 10mm 以上，或者已达 10mm 以上且降雪持续，可能或者已经对交通或者农牧业有较大影响。

防御指南：第一，政府及相关部门按照职责做好防雪灾和防冻害的应急工作；第二，交通、铁路、电力、通信等部门应当加强道路、铁路、线路巡查维护，做好道路清扫和积雪融化工作；第三，减少不必要的户外活动；第四，加固棚架等易被雪压的临时搭建物，将户外牲畜赶入棚圈喂养。

4. 暴雪红色预警信号

定义：6h 内降雪量将达 15mm 以上，或者已达 15mm 以上且降雪持续，可能或者已经对交通或者农牧业有较大影响。

防御指南：第一，政府及相关部门按照职责做好防雪灾和防冻害的应急和抢险工作；第二，必要时停课、停业（除特殊行业外）；第三，必要时飞机暂停起降，火车暂停运行，高速公路暂时封闭；第四，做好牧区等救灾救济工作。

（三）冰雪灾害的应急要点

（1）非机动车驾驶员应给轮胎少量放气，增加轮胎与路面的摩擦力。

（2）冰雪天气行车应减速慢行，转弯时避免急转以防侧滑，踩刹车不要过急过死。

（3）在冰雪路面上行车，应安装防滑链，佩戴有色眼镜或变色眼镜。

（4）路过桥下、屋檐等处时，要迅速通过或绕道通过，以免上结冰凌因融化突然脱落伤人。

（5）在道路上洒融雪剂，以防路面结冰；及时组织扫雪。

（6）老人及体弱者应避免出门。

（7）能见度在 50m 以内时，机动车最高时速不得超过 30km/h，并保持车距。

（8）发生交通事故后，应在现场后方设置明显标志，以防二次事故的发生。

（四）冰雪灾害的预防措施

预防冰雪灾害措施关键是要在做好天气预报的基础上，预先采取防护措施，如疏导牲畜，转移牧民，采取一些保温防冻措施等。另外，对草场牧区、厂矿企业及道路交通等要进行全面规划，在设置上要布局合理，利于及时疏导转移。

（五）冰雪灾害的应对措施

为了能在灾害不期而至的时候把灾害的影响和损失降到最低水平，要在以下几个方面做出努力：

第一，建立完善的灾害预报系统。及时对将要发生的灾害进行准确的预报，是防灾减灾最重要的组成部分。及时准确的预报，能使广大人民群众提前做好物质和精神上的准备，以便灾害到来时能够从容应对。在这方面许多国家都有成功的经验，例如德国在 20 世纪 90 年代就成立了由气象、电力、交通等部门组成的灾害防治中心，对强降雪灾害及其他紧急情况进行预测和监测。

第二，加强向市民宣传防灾减灾知识的力度。使民众能够充分了解针对各类灾害的自我防护方法，在等待救援的过程中，能够发挥主观能动性，通过自救和相互救助尽量保护生命财产的安全，而不是被动地等待救援。

第三，完善灾害应对体系建设。这一点也是最为重要的，直接关系到一个国家抗击灾害的能力。国家要建立一整套完善的灾害应对机制，各级政府都要建立相应的机构。目前，人民防空的工作职能正在向战时防空袭、平时防灾的民防功能转换，因此防灾减灾就成为人防部门一项十分重要的工作之一，可以将防灾减灾机构建立到各级人防部门，形成一个应急指挥网络。人防部门要发挥自己的部门优势，在普及人防知识的过程中加入防灾减灾的内容，并合理安排资金，购置防灾设备、储备防灾物资，在应急预案的指导下定期进行防灾演练。

第四，在平时的基础建设中（包括电力、铁路、公路交通等），要充分考虑到各种灾害可能带来的影响。要有超前意识，陈旧的设备必须及时更换，结构抗力等级要能够满足五十年甚至上百年一遇灾害的考验。

第四节　风雹灾害

风雹灾害是由强对流天气系统引起的一种剧烈的气象灾害，它出现的范围虽然较小，时间也比较短促，但来势猛、强度大，并常伴随着狂风、强降水、急剧降温等阵发性灾害性天气过程。猛烈的冰雹打毁庄稼，损坏房屋，人被砸伤、牲畜被打死的情况也常发生。中国是风雹灾害频繁发生的国家，风雹每年都给农业、建筑、通讯、电力、交通以及人民生命财产带来巨大损失。据有关资料统计，我国每年因风雹所造成的经济损失达几亿元甚至几十亿元（图 10-12 至图 10-14）。

图 10-12　下冰雹场景

图 10-13　冰雹砸坏的屋面

图 10-14 冰雹砸坏的小汽车

一、案例

（一）狂风、雷电、冰雹袭击粮食仓库

1. 情景回放

2009 年 11 月 9 日下午 2 时 40 分，江西省泰和县苏溪粮食购销公司遭遇突如其来的暴风雨袭击，狂风暴雨夹带着硕大冰雹，使大树拦腰折断，8 座仓库、2 个凉棚及 1 栋宿舍遭到不同程度的损坏，其中屋面损毁 3000m²，门窗损毁 63 扇，3097t 粮食遭到不同损害，特别是 6 仓的屋面，有超 70m² 整体掀翻到 40m 以外的地方，整个仓库屋架全部倾斜，整体出现裂缝，雨水从屋顶、门窗灌入粮堆，粮面覆盖薄膜的雨水淹过脚面，损失非常严重。

受灾的 8 座仓房全部是 1998 年以前兴建的砖墙瓦屋面木梁平房仓，小青瓦屋面，设施老化，年久失修，不同程度带"病"装粮，抗灾强度低。尤其是小青瓦屋面遭受不了冰雹的袭击，部分仓房屋面 100% 小青瓦被冰雹击碎。

2. 应急处理

灾害发生以后，苏溪粮食购销公司立即启动灾害应急预案，一边组织职工抢险，一边向县粮食局报告。县粮食局接到报告后，县局干部职工冒着狂风暴雨赶赴现场。同时县粮食局紧急调集邻近的马市粮食购销公司、江村、上田粮油公司 40 多名职工，参加抢险救灾工作。另外还征召施工基建队，调集油毡、檩木、橡皮、棚布等，采取以下紧急措施进行施救：一是对所有存粮仓库粮堆薄膜上的雨水、瓦片、杂物等立即清理干净；二是被狂风掀翻掉的屋面立即用檩木、橡皮及油毡等搭盖遮雨；三是将 6 仓内 997t 稻谷全部转仓，转仓后视情况再做处理；四是其他仓库被淋湿的稻谷立即翻挖、装包，待后整晒、晾干处理。同时，安排人员密切关注天气变化，防止雨水再次袭入仓内，一旦发现险情，及时处理。

（二）狂风掀翻罩棚屋面事故

1. 情景回放

2011 年 6 月 21 日下午 2 时左右，某县一粮食管理所（以下简称"粮管所"）遭遇突如其来的狂风袭击，狂风暴雨夹带着雷电将一罩棚屋面整体掀翻，导致在罩棚躲避雷雨的 7 位路人中 1 人受重伤，3 人受轻伤。罩棚内放置的一批粮机设备和器材遭受不同程度的损毁或损坏，损失严重。

2. 原因分析

受灾的罩棚是 1984 年为解决农民卖粮难而搭建的砖柱木梁仓间棚,小青瓦屋面,由于不是经常使用,很少关注,平时放置通风机、除杂机等一些储粮设备、器材和杂物,设施老化,年久失修,遭受不了狂风的袭击。

3. 应急处理

一是灾害发生以后,粮管所领导立即组织职工抢险,一边拨打 120 抢救伤员,一边立即向县粮食局报告。

二是县粮食局的领导接到报告后,立即赶赴现场指挥抢险,组织员工清理现场,把堆放在罩棚内的设备、器材转移,将现场清理干净。

三是组织人员排查整个粮管所存在的安全隐患,一旦发现险情,及时处理。现场处理完毕后,到医院看望受伤村民,安抚家属。

四是迅速召开全县防灾救灾会议,部署在全县粮食仓库安全隐患排查,及时处理发生的险情。

(三)狂风雷电冰雹灾害典型案例

1. 冰雹灾害

2011 年 5 月 1 日,韶关市部分乡镇出现了雷雨大风冰雹等强对流天气,造成始兴县、仁化县的 8 个乡镇受灾。据初步统计,始兴县有 7 个乡镇 53 个村受灾,仁化县有 1 个乡镇 8 个村受灾,房屋受损 6482 间(其中始兴县 6162 间,仁化县 320 间),农作物和经济作物受灾面积约44881 亩。

2. 龙卷风灾害

2003 年 7 月 8 日 11 时 30 分左右,一股强龙卷风袭击了安徽省无为县百胜镇和六店乡的 6个行政村,造成了人员和财产的严重损失。据初步摸查,这次灾害造成 16 人死亡,162 人受伤,1072 间房屋倒塌,2000 多亩农田受灾。

2006 年 6 月 29 日早上 6 时 45 分左右,一场中心风力在 12 级以上的龙卷风袭击了泗县长沟镇,大风吹毁 6 间教室,某小学提前到校的小学生中 2 人当场死亡,44 名学生和 2 名老师受伤。受此次强对流天气影响,泗县山头、屏山、瓦坊、大庄等乡镇也造成了严重的经济损失。

3. 台风灾害

2010 年的 11 号台风"凡亚比"9 月 19 日从花莲登陆,导致台湾南部豪雨成灾,造成人员伤亡和基础设施严重损毁及工农业损失。20 日早晨在福建二次登陆,狂风暴雨给福建和广东也造成严重的灾情。

2009 年台风"莫拉克"造成我国 500 多人死亡、近 200 人失踪、46 人受伤。

二、粮食仓库风雹灾害的防治

(一)不建瓦屋面的仓房

1998 年以后利用三批国债资金建设的仓房,屋顶基本上都是预制的钢筋水泥屋面,或是钢瓦屋面,强度高,尤其是能抗击大风冰雹等自然灾害的袭击,具有极高的抗灾的强度。因此,建议建仓不再使用小青瓦屋面。

(二)对瓦屋面仓房改造

对 1998 年以前所建仓房的瓦屋面逐步进行改造,不少粮食仓库对瓦屋面进行了改造,用钢瓦等取代了小青瓦屋面，以免年年维修，取得了很好的效果。

（三）粮面加盖塑料薄膜

粮仓装粮后，建议采用塑料薄膜压盖粮面，可以有效防止雨水进入粮堆，当粮仓发生自然灾害漏雨时，能赢得足够的时间进行抢险救援。

（四）加强罩棚等仓储设施的监控

1984 年前后，粮食连年丰收，为缓解仓储设施不足的矛盾、解决农户卖粮难，各地建了一大批仓间棚。粮食购销市场化以来，这批仓间棚大部分被闲置，加上企业比较困难，年久失修，存在着很大的安全隐患。对这批仓间棚的安全隐患排查势在必行。一旦发现问题，及时处理。一是无使用价值的罩棚，对其进行拆除处理，二是有必要留下来的罩棚，安排资金进行维修。

（五）严禁闲杂人等进入库区

粮食仓库是国家防火、防盗、防事故的重地，应严禁闲杂人等进入库区，作为管理者应该有足够的安全意识，可是近年来，粮食市场放开以后，部分同志安全意识淡化，有的库区将仓库出租给个体，堆放杂物，甚至存放易燃易爆物品，导致安全事故时有发生。出租仓库堆放易燃易爆物品必须立即禁止。

三、延伸知识

（一）冰雹灾害有关知识

1. 冰雹的特征

冰雹是一种固态降水物，是圆球形或圆锥形的冰块，由透明层和不透明层相间组成。直径一般为 5~50mm，大的有时可达 10cm 以上，又称雹或雹块。

冰雹有以下几个特征：

第一，局地性强，每次冰雹的影响范围一般宽约几十米到数千米，长约数百米到十多千米；

第二，历时短，一次狂风暴雨或降雹时间一般只有 2~10min，少数在 30min 以上；

第三，受地形影响显著，地形越复杂，冰雹越易发生；

第四，年际变化大，在同一地区，有的年份连续发生多次，有的年份发生次数很少，甚至不发生；

第五，发生区域广，从亚热带到温带的广大气候区内均可发生，但以温带地区发生次数居多。

2. 冰雹的分类

根据一次降雹过程中，多数冰雹（一般冰雹）直径、降雹累计时间和积雹厚度，将冰雹分为 3 级。

（1）轻雹　多数冰雹直径<0.5cm，累计降雹时间<10min，地面积雹厚度<2cm；

（2）中雹　多数冰雹直径 0.5~2.0cm，累计降雹时间 10~30min，地面积雹厚度 2~5cm；

（3）重雹　多数冰雹直径>2.0cm，累计降雹时间>30min，地面积雹厚度 5cm 以上。

3. 冰雹的形成

首先，冰雹必须在对流云中形成，当空气中的水汽随着气流上升，高度越高，温度越低，水汽就会凝结成液体状的水滴；如果高度不断增高，温度降到摄氏零度以下时，水滴就会凝结成固体状的冰粒。

在随着气流上升运动的过程中，冰粒会吸附附近的小冰粒或水滴，而逐渐变大、变重，等到上升气流无法负荷它的重量时，冰粒便会往下掉，但这时的冰粒还不够大，如果这时能再遇到一波更强大的上升气流，把向下掉的冰粒再往上推，冰粒就能继续吸收小水滴凝结成冰。

在反复上升下降吸附凝结下，冰粒就会越来越大，等到冰粒长得够大够重，又没有足够的上升气流能够再将它往上推时，就会往地面掉落。如果到达地面时，还是呈现固体状的冰粒，就称为冰雹，如果融化成水掉下，那就变成雨。由此可知，如果空气又暖又湿，有足够的水分，加上旺盛的对流状态，就有可能产生冰雹（图10-15）。

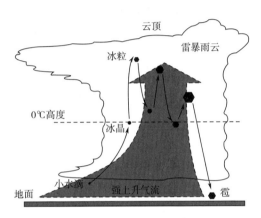

图 10-15　冰雹成因示意图

可见，冰雹只有在热湿气流强烈上升时才能产生。据估计，其气流上升速度必须超过20m/s。所以，冰雹多在春、夏季炎热的午后产生。而在冬季，近地面气温很低，不可能产生强大的快速上升气流，所以也就无法形成冰雹了。

冰雹的形成需要以下几个条件：

第一，大气中必须有相当厚的不稳定层存在。

第二，积云必须发展到能使个别大水滴冻结的高度（一般认为温度达-16～-12℃）。

第三，要有强的风切变。

第四，云的垂直厚度不能小于6～8km。

第五，积雨云内含水量丰富。一般为3～8g/m³，在最大上升速度的上方有一个液态过冷却水的累积带。

第六，云内应有倾斜的、强烈而不均匀的上升气流，一般在10～20m/s以上。

4. 中国冰雹灾害的地理分布规律

冰雹活动不仅与天气系统有关，也受地形、地貌的影响也很大。我国地域辽阔，地形复杂，地貌差异也很大，而且我国有世界上最大的高原，使大气环流也变得复杂。因此，我国冰雹天气波及范围大，冰雹灾害地域广。根据有关资料对中国冰雹灾害的空间格局进行对比分析，有下述四方面的认识。

第一，雹灾波及范围广。虽然冰雹灾害是一个小尺度的灾害事件，但是我国大部分地区有冰雹灾害，几乎全部的省份都或多或少有冰雹成灾的记录，受灾的县数接近全国县数的一半，这充分说明了冰雹灾害的分布相当广泛。

第二，冰雹灾害分布的离散性强。大多数降雹落点为个别县、区。

第三，冰雹灾害分布的局地性明显。冰雹灾害多发生在某些特定的地段，特别是青藏高原以东的山前地段和农业区域，这与冰雹灾害形成的条件密切相关。

第四，中国冰雹灾害的总体分布格局是中东部多，西部少，空间分布呈现一区域、两条带、七个中心的格局。其中一区域是指包括我国长江以北、燕山一线以南、青藏高原以东的地区，是中国雹灾的多发区；两带是指中国第一级阶梯外缘雹灾多发带（特别是以东地区）和第二级阶梯东缘及以东地区雹灾多发带，是中国多雹灾带；七个中心是指散布在两个多雹带中的若干雹灾多发中心：东北高值区、华北高值区、鄂豫高值区、南岭高值区、川东鄂西湘西高值区、甘青东高值区、喀什阿克苏高值区。

5. 中国冰雹灾害的时间分布规律

总体来说，中国冰雹灾害的时间分布是十分广泛的。尽管一日之内任何时间均有降雹，但是在全国各个地区都有一个相对集中的降雹时段。有关资料分析表明，我国大部分地区降雹时间70%集中在地方时13~19时，以14~16时为最多。湖南西部、四川盆地、湖北西部一带降雹多集中在夜间，青藏高原上的一些地方多在中午降雹。另外，我国各地降雹也有明显的月份变化，其变化和大气环流的月变化及季风气候特点相一致，降雹区是随着南支急流的北移而北移，而且各个地区降雹的到来要比雨带到来早一个月左右。一般说来，福建、广东、广西、海南、台湾在3~4月，江西、浙江、江苏、上海在3~8月，湖南、贵州、云南一带、新疆的部分地区在4~5月，秦岭、淮河的大部分地区在4~8月，华北地区及西藏部分地区在5~9月，山西、陕西、宁夏等地区在6~8月，广大北方地区在6~7月，青藏高原和其他高山地区在6~9月，为多冰雹月。另外，由于降雹有非常强的局地性，所以各个地区以至全国年际变化都很大。

（二）风灾有关知识

1. 名词解释

风灾是指因暴风、台风或飓风过境而造成的灾害。风灾与风向、风力和风速等具有密切关系。

风向是指风吹来的方向，例如由北方吹来的风称为北风。风向通常可由风向标等观察出来。风向标箭头指向的风向即风吹来的方向。

风力是指风的力量。风力的大小与风速大小成正比。

风级是指风力的等级。一般分为12或13级，速度0.2m/s以下的风是0级风，32.6m/s以上的风是12级风。按风力的大小，还可分为：

无风（0级），风速0~0.2m/s。静烟直上。

软风（1级），风速0.3~1.5m/s。渔船略觉摇动。烟能表示方向，树叶略有摇动。

轻风（2级），风速1.6~3.3m/s。渔船张帆时，可以随风移动，2~3km/h。人的脸感觉有风，树叶有微响，旗子开始飘动。

微风（3级），风速3.4~5.4m/s。渔船渐觉簸动，5~6km/h。树叶和很细的树枝摇动不息，旗子展开。

和风（4级），风速5.5~7.9m/s。渔船满帆时，船身向一侧倾斜。能吹起地面上的灰尘和纸张，小树枝摇动。

劲风（5级），风速8.0~10.7m/s。渔船缩帆（即收去帆的一部分）。有叶的小树摇摆，内陆的水面有小波。

强风（6级），风速10.84~13.8m/s。渔船加倍缩帆，捕鱼须注意风险。大树枝摇动，电线呼呼有声，举伞困难。

疾风（7级），风速13.9~17.1m/s。渔船停息港中，在海面上的渔船应下锚。全树摇动，迎风步行感觉不便。

大风（8级），风速17.2~20.7m/s。近港的渔船都应停留在港内不出。折毁小树枝，迎风步行感到阻力很大。

烈风（9级），风速20.8~24.4m/s。机帆船航行困难。烟囱顶部和平瓦移动，小房子被破坏。

狂风（10级），风速24.5~28.4m/s。机帆船航行很危险。陆地上少见。能将树木拔起或把建筑物摧毁。

暴风（11级），风速28.5~32.6m/s。机帆船遇到这种风极危险。陆地上很少见。有则必有严重灾害。

飓风（12级），风速>32.6m/s。海浪滔天。陆地上绝少见。摧毁力极大。

2. 风灾灾害等级

大风等级采用蒲福风力等级标准划分。风灾灾害等级一般可划分为3级：

（1）一般大风　相当6~8级大风，主要破坏农作物，对工程设施一般不会造成破坏；

（2）较强大风　相当9~11级大风，除破坏农作物、林木外，对工程设施可造成不同程度的破坏；

（3）特强大风　相当于12级和以上大风，除破坏农作物、林木外，对工程设施和船舶、车辆等可造成严重破坏，并严重威胁人员生命安全。

（三）台风有关知识

1. 台风的分级

在台湾附近出现的一种具有特殊性质的风暴称为台风。过去我国习惯称海温高于26℃的热带洋面上发展的热带气旋为台风，热带气旋按照其强度的不同，依次可分为六个等级：热带低压、热带风暴、强热带风暴、台风、强台风和超强台风。1989年起我国采用国际热带气旋名称和等级标准。中国对发生在北太平洋西部和南海的热带气旋，根据国际惯例，依其中心最大风力分为：

①热带低压：最大风速<8级，（<17.2m/s）；

②热带风暴：最大风速8~9级，（17.2~24.4m/s）；

③强热带风暴：最大风速10~11级，（24.5~32.6m/s）；

④台风：最大风速12~13级，（32.7~41.4m/s）；

⑤强台风：最大风速14~15级（41.5~50.9m/s）；

⑥超强台风：最大风速≥16级（≥51.0m/s）。

2. 台风发生的规律及其特点

根据近几年来台风发生的有关资料表明，台风发生的规律及其特点主要有以下几点：

一是有季节性。台风（包括热带风暴）一般发生在夏秋之间，最早发生在五月初，最迟发生在十一月。

二是台风中心登陆地点难准确预报。台风的风向时有变化，常出人预料，台风中心登陆地点往往与预报相左。

三是台风具有旋转性。其登陆时的风向一般先北后南。

四是损毁性严重。对不坚固的建筑物、架空的各种线路、树木、海上船只，海上网箱养鱼、海边农作物等破坏性很大。

五是强台风发生常伴有大暴雨、大海潮、大海啸。

六是强台风发生时，人力不可抗拒，易造成人员伤亡。

中国把进入东经 150° 以西、北纬 10° 以北、近中心最大风力>8 级的热带低压、按每年出现的先后顺序编号，这就是我们从广播、电视里听到或看到的"今年第×号台风（热带风暴、强热带风暴）"。

3. 我国台风预警信号

（1）蓝色预警　定义：24h 内可能或者已经受热带气旋影响，沿海或者陆地平均风力达 6 级以上，或者阵风 8 级以上并可能持续。

防御指南：第一，政府及相关部门按照职责做好防台风准备工作；第二，停止露天集体活动和高空等户外危险作业；第三，相关水域水上作业和过往船舶采取积极的应对措施，如回港避风或者绕道航行等；第四，加固门窗、围板、棚架、广告牌等易被风吹动的搭建物，切断危险的室外电源。

（2）黄色预警　定义：24h 内可能或者已经受热带气旋影响，沿海或者陆地平均风力达 8 级以上，或者阵风 10 级以上并可能持续。

防御指南：第一，政府及相关部门按照职责做好防台风应急准备工作；第二，停止室内外大型集会和高空等户外危险作业；第三，相关水域水上作业和过往船舶采取积极的应对措施，加固港口设施，防止船舶走锚、搁浅和碰撞；第四，加固或者拆除易被风吹动的搭建物，人员切勿随意外出，确保老人小孩留在家中最安全的地方，危房人员及时转移。

（3）橙色预警　定义：12h 内可能或者已经受热带气旋影响，沿海或者陆地平均风力达 10 级以上，或者阵风 12 级以上并可能持续。

防御指南：第一，政府及相关部门按照职责做好防台风抢险应急工作；第二，停止室内外大型集会、停课、停业（除特殊行业外）；第三，相关应急处置部门和抢险单位加强值班，密切监视灾情，落实应对措施；第四，相关水域水上作业和过往船舶应当回港避风，加固港口设施，防止船舶走锚、搁浅和碰撞；第五，加固或者拆除易被风吹动的搭建物，人员应当尽可能待在防风安全的地方，当台风中心经过时风力会减小或者静止一段时间，切记强风将会突然吹袭，应当继续留在安全处避风，危房人员及时转移；第六，相关地区应当注意防范强降水可能引发的山洪、地质灾害。

（4）红色预警　定义：6h 内可能或者已经受热带气旋影响，沿海或者陆地平均风力达 12 级以上，或者阵风达 14 级以上并可能持续。

防御指南：第一，政府及相关部门按照职责做好防台风应急和抢险工作；第二，停止集会、停课、停业（除特殊行业外）；第三，回港避风的船舶要视情况采取积极措施，妥善安排人员留守或者转移到安全地带；第四，加固或者拆除易被风吹动的搭建物，人员应当待在防风安全的地方，当台风中心经过时风力会减小或者静止一段时间，切记强风将会突然吹袭，应当继续留在安全处避风，危房人员及时转移；第五，相关地区应当注意防范强降水可能引发的山洪、地质灾害。

第十一章　CHAPTER 11

粮食仓库智能化管理

第一节　概述

粮食仓库智能化管理，即在日常管理工作中，应用智能传感技术、通信技术、计算机技术、射频识别技术、自动控制技术、专家决策等技术手段，实现粮油仓储业务的自动化、信息化和智能化管理，以确保粮食仓库储粮安全、物流安全、生产安全、信息安全。为粮食从业人员提供一个优质生活和工作环境，为经营者创造一个更有利于经营发展环境，为国家粮食安全构建一个高效管理环境。

为了积极推进智能化粮库建设进程，提升科技储粮水平，国家粮食局在 2012 年编制了《粮油仓储信息化建设指南》，明确了粮油仓储企业开展粮油仓储信息化的规划、建设与运行。按照该指南的定义，粮油仓储信息化系统包括：生产经营等业务管理系统、智能仓储系统、自动化作业系统、远程监管系统、办公自动化系统以及各系统之间的集成等。2003 年底，中储粮管理总公司提出计划用 3 年时间推进"6+3"智能化模式覆盖中储粮全系统，其建设内容包括：智能出入库、仓储信息管理、粮情检测、数量检测、智能安防、资金管理 6 个必选系统和智能通风、智能气调、智能烘干 3 个自选系统。

智能化粮库建设的核心是运用信息化手段对企业人、财、物和粮食的购、销、存等进行全方位的在线监测与自动化智能管理。而为了达到智能化管理的目标，智能化粮库不仅要满足建设系统化、规范化、自动化等诸多要求，更要根据粮库实际情况，选择符合自己的建设与改造项目。因此，目前的信息化改造或"6+3"模式在实施过程中，也在根据库区的具体情况，着重考虑将粮库自动化、信息化建设融于一体，以此改变基于人工和半自动化作业的业务流程，推动粮油仓储业务和行业管理体系的进步。

粮库通过建立智能管控平台组织实施，平台针对传统仓储作业工作中人工投入大、操作复杂、数据孤立等弊端，借助于先进的技术，为粮库人员提供一套涵盖温湿度检测、气体检测、智能通风、智能控温、智能气调、智能熏蒸、能耗管理、库区气象环境检测、视频监管、实时报警、信息管理等丰富功能的软硬一体化仓储管理解决方案。智能管控平台的应用，粮库管理者可以进行粮情数据实时查询、仓储作业一键下达、仓储现场远程监管、无人值仓作业、作业能效分析优化等操作，为粮库实现科学储粮、绿色储粮提供了强有力的支持。

目前，智能化粮库建设在计算机粮情测控、智能气调、智能通风、智能出入库、视频安防、仓储信息管理等方面的研究应用已经取得了较大进展，并在一些省市得到了广泛应用。

第二节　智能化粮库建设与管理

一、粮情测控

粮情测控是应用较早的智能检测技术，其主要利用电子技术、计算机和网络技术、仓储管理等技术，实现粮食储藏过程中粮情变化的实时监测和数据分析，并对异常粮情进行预测和处理。作为发展较早且成熟的储粮技术手段，粮情测控技术结束了以往手工式、低效率、低精度的人工检测历史，开创了基于电子技术和计算机技术进行粮情集中检测和分析的储粮新时代。

粮情测控主要包括粮堆温湿度检测以及虫害检测。

粮情测控技术的基础是传感器的使用，通过传感器将温、湿度等被测量转换成电子模拟信号，用计算机对模拟信号进行模拟数字转换，最后将转换后的数字信号使用粮情测控软件处理，形成直观的温、湿度等数据与图表形式。随着自动化控制技术不断发展，数字传感器得到广泛应用，全数字式数据采集和信号输入技术也得到全面推广。数据传输方面，测温点和主机之间的连接也更加多样化，基于现场总线技术、无线网络技术等通信方式的系统也得到广泛应用，使数据更加安全、抗干扰能力更强、数据通信速度更快。此外，信息融合、远程粮情测控等技术与系统应用的研究应用，也在不断提高粮情测控系统的稳定性和广泛的适用性。

在粮情测控系统的基础上，智能分析与预警系统可以对所检测的粮情数据进行分析，并对粮食超温等异常状态进行报警。

粮情测控系统作为粮食仓储智能化的重要组成部分，是智能化仓储实现的前提，是保证智能气调、智能通风等系统顺利进行的基础，对粮食品质及安全起着重要的作用。

二、智能气调

气调储粮是一种在国内外均已实仓应用的绿色储粮技术，它利用生物降氧、人工降氧等方式，在粮堆内形成一个低氧、高氮或高二氧化碳的储粮环境，达到抑制粮食呼吸、杀虫抑菌的效果，从而达到绿色储粮的目的。在目前的气调储粮技术中，氮气气调与二氧化碳气调均有所应用，但与二氧化碳气调相比，氮气气调储粮因其原料设备成本低、设备操作与充氮作业简单等优势，具有较高的可操作性和经济效益，已经得到了较广泛的应用。

充氮储粮技术是通过往粮仓内充入高纯度的氮气来改变粮堆中的氧气比例，并利用粮食自身的呼吸作用，降低粮堆内的氧气含量，营造一个密闭的缺氧环境，从而使害虫缺氧死亡，达到防治害虫、抑制霉菌繁殖的目的。

智能充氮气调技术是结合目前比较成熟的物联网技术、对氮气气调储粮基础数据进行实时在线监测与分析传输，实现现场气调设备的在线状态监测与控制。

目前的智能充氮气调储粮系统主要包括制氮机组设备、氮气管网、氮气环流装置、氮气浓度检测装置和智能控制系统等。每个粮仓外墙上都安装的充氮气调储粮控制柜，用来接收控制平台的指令。系统可实时检测粮堆内氮气浓度和气体的压力，根据杀虫、防虫、储藏等作业需求，适时自动远程操控粮仓现场的自动阀门组、设备开关、对粮仓内氮气进行充气、排气、环流、补气等作业，时刻保持粮仓内氮气浓度。

实践证明，智能充氮气调可以有效节约劳动力，提供气调效率、节能减排，并为粮食安全经济储备提供技术支撑。

三、智能通风

在粮食日常保管期间，为了控制粮食水分、消除粮堆积热、均衡粮温，经常需要对粮堆进行通风处理，而储粮通风一般采用机械通风的方式。由国家粮食局发布的《储粮机械通风技术规程》，确定了粮食降温、降水、调质等通风的各个条件。按照规程要求，通风人员要根据粮堆温度、粮食水分、大气温湿度以及不同粮食品质等参数，参照各粮食品种对应的平衡水分等图表，判断当时的大气条件是否适合通风。LS/T 1202—2002《储粮机械通风技术规程》为不同情况下的储粮通风提供了操作标准，但由于计算过程烦琐，粮堆温度与大气温度又在不断变化，因此在实际操作中很难把握，大多数人员也只能凭经验操作，存在一定的主观性，并容易导致无效、低效通风，甚至有害通风的现象发生。

智能通风技术是使用计算机技术以及智能传感技术，实时采集和监控粮情信息，并依据LS/T 1202—2002《储粮机械通风技术规程》和相关智能通风决策系统，控制通风窗、通风口以及各类通风设施的开启与关闭，从而实现储粮通风的科学化与智能化管理。

目前，国内普遍采用的智能通风技术，大致可以分为智能化粮堆通风降温系统、智能化排积热通风系统、智能化缓速通风系统、智能化内环流均温通风系统等。

智能通风系统，安装的通风装置根据智能通风系统系统指令，自动运行。如果温度过高、湿度过大，或者仓内气体浓度未达到安全范围，系统将自动开启智能通风系统进行调节，有效保障粮食储存的安全。

智能化粮堆通风降温系统，根据粮库机械通风管理，利用计算机粮情检测系统检测粮堆内外温度、湿度等通风参数，通过计算比较，准确判断通风条件，当粮堆内、外通风参数符合通风条件时，系统将自动打开粮仓的电动窗户，启动通风机进行机械通风，捕捉最佳时机进行储粮通风降温，避免低效通风、无效通风和有害通风现象的发生，同时在后台软件上设置通风设备的自动通风时间，在要求时间内分机自动启动工作，以此实现储粮机械通风的全自动化控制，达到降温通风、保质通风的目的，有效改善粮食品质，降低通风能耗，节约储粮成本。

智能化排积热通风系统，主要用于夏季高温时仓内粮面空间整体降温，系统通过配置仓储专用空调设备全速运转，达到迅速降低仓内空间环境温度，并可进一步降低粮堆表层粮温。借助于先进的物联控制技术，空调设备可通过综合管控平台实现远程控制，并且通过平台内置的专家经验模型，在粮仓温度超过限定值时，系统可实现自动降温作业。

四、智能出入库管理

随着计算机的普及以及通信技术不断发展，目前大多数仓储企业的数据资料已采用计算机数据系统管理，但在粮食出入库管理流程中，涉及扦样员、质检员、计量员、保管员等仓储工作人员的共同协作，粮食出入库与计量方式存在人工参与量大，信息核对烦琐、易出现误操作和舞弊现象，缺乏监管等不足，不利于粮食出入库与计量作业流程的精细化管理和效率的提高。

智能出入库系统基于物联网 RFID 技术，通过将人、车船、设备、粮食及仓储设施为一体，实现粮食出入库业务过程的智能化识别、监控和管理。系统可以有效地减少出入库人工作业环节、提高业务效率、增加业务透明度。

系统包含发卡登记、扦样、质量检验、过磅、卸粮、回皮、结算、统计分析等环节，各业务环节之间环环相扣，数据畅通，可实现与收购管理系统、粮食质量监管系统、粮食业务管理系统的互联互通。

五、视频安防

随着仓储管理的现代化，视频监控系统已越来越多地应用于粮库日常工作，以提高粮库仓储管理水平、满足库区安全管理需求。视频监控系统可满足粮库重点区域监控、查询检索、信息上传以及警示管理等需求，为部门决策、指挥调度、取证查询相应的图像信息，同时实现视频基础系统的设备管理、用户管理、故障管理、性能管理等功能。

粮库智能安防监控系统，是基于网络的视频监控系统，利用网络传输视频信号及相应数据，监控中心可以实时查看监控现场情况。可以实现储备粮数量实时监测、仓内视频监控、仓房出入口监控、补仓数量计算等功能，可对粮食库存数量和进出粮作业情况进行远程实时监控，及时刷新真实库存数量，在粮仓有异动时，系统自动启动测量机构跟踪测量计算，确保粮食储备的数量真实可靠，减少清仓查库成本。

库内监控系统主要设置在库区各建筑物及主干道上，实现库区全网络覆盖，提供全方位安全保障措施，建立一套以预防为主、联动控制相应及时的安全防范体系。

六、仓储信息管理

仓储信息管理系统依据各库区实际情况，建设内容各有不同。主要包括仓储业务管理、购销经营管理、统计业务管理、四单一证管理，以及出入库、智能通风等作业流程接入管理等。仓储信息管理系统的运用可从经营和生产管理两方面，使粮库实现业务管理信息化及账目电子化，并在整个业务管理过程中实现全面的计算机管理，做到信息实时采集、分享、统计、上报和查询，提高工作效率和现代化管理水平。

第十二章

CHAPTER

12

粮食仓库综合考评

粮库综合考评是衡量一个企业管理水平的有效手段。中华人民共和国成立伊始，1953年实行粮食统购统销，农民生产的粮食除留作口粮、种子、饲料粮外，全部由国家统一收储。我国第一代粮食保防人员，在仓储条件十分简陋的情况下，创造出了"四无粮仓"，便开启了"四无粮仓"评比活动，并具有强大的生命力，一直延续至今。

随着社会的不断发展，我国广大粮油仓储工作者在开展"四无粮仓"评比、不断丰富"四无粮仓"标准内涵的同时，不断创新考评方法，以完善在"四无粮仓"评比活动中不能体现的新问题。

2009年国家粮食局开展粮油仓储企业规范化管理活动。而后，中央储备粮库实行了包仓责任管理制，安徽、浙江等部分省市粮食行政管理部门开展了"星级粮库"创建活动，浙江等省市还开展了"四化粮库"评定工作。

第一节 "一符四无"粮仓鉴定

一、"一符四无"粮仓发展历程

中华人民共和国成立初期，储粮仓库都是旧社会留下来的和征用的旧祠堂、民房改建成的仓房，仓房简陋，技术落后，虫蛀、霉变和鼠雀啃食相当严重。1950至1952年，原政务院财经委员会曾3次发出通知，要求加强公粮的保管。我国第一代保防人员积极响应政府的号召，凭着艰苦奋斗的精神，为我国初期的保粮工作积极工作，当时有两个先进典型。一个是浙江省余杭县，他们于1953年在仓储条件十分简陋的情况下，依靠群众，探索出一套"清洁卫生防治法"，创造出"无虫粮仓"；另一个是广东省开平市蚬岗粮管所，1954年在高温高湿地区创造出"无霉"粮仓。为此，浙江省余杭县粮食局负责同志应邀列席党的"八大"，广东蚬岗等"四无"粮仓先进单位代表和模范人物应邀参加国庆节观礼。

1955年，中央粮食部在总结各地实践经验的基础上，提出了在粮食保管中积极开展"无虫、无霉、无鼠雀、无事故"的"四无"粮仓活动的倡议。各级粮食部门纷纷响应,用实际行动学浙江省余杭县无虫粮仓和广东省开平市蚬岗粮管所无霉粮仓的经验,努力创建"四无"粮仓。

三年国民经济暂时困难时期,粮食库存下降,粮仓管理放松,不少地方粮食被盗、霉烂、虫蛀事故时有发生,造成了较大损失,"四无"粮仓工作名存实亡。

1964年12月,国务院总理周恩来在《国务院批转四川省粮食厅库存粮食保管情况的检查报告》中批示:"……,要建立经常保管、清洁、防治、曝晒和检查等工作。"主持财贸工作的国务院副总理李先念指出:"粮食系统要把保管粮食工作作为一个重大工作来抓,并且认真总结前几年那些好的经验,'四无'粮库要大力提倡。"于是"四无"粮仓活动停止几年之后又得到恢复。

1972年,国务院提出要整顿企业管理,恢复规章制度。"四无"粮仓工作在全国得以恢复。与此同时,由于化学工业的发展,磷化铝、氯化苦等熏蒸药剂国内已能大量生产,在粮仓内得到了普遍推广应用,对害虫能进行及时有效控制,也极大地推动了当时的"四无"粮仓工作。

1991年9月,商业部发布了《"四无粮仓"和"四无油罐"评定办法》,将"无虫、无霉、无鼠雀、无事故"改为"无害虫、无变质、无鼠雀、无事故",自此,从省到地、市到县每年都要开展一至四次储粮大普查,结合普查鉴定"四无"粮仓,评比、表彰先进,有力地推动了"四无"粮仓的迅速发展。

1994年3月,国家粮食储备局颁发《"四无粮仓"和"四无油罐"评定办法》的补充规定,在"四无"的基础上,增加了"一符",即"账实相符",将"四无"粮仓活动发展为"一符四无"粮仓活动。

"一符四无"粮仓的发展可以分为三个阶段。

第一,以物理手段为主,实现"四无"粮仓的阶段。

这一时期的仓房为破败仓库、祠堂、庙宇改造成的简易仓和1954年后国家投资建设的苏式仓。这个时期的储藏的特点:一是由于我国当时经济落后,仓库简易陈旧,多数为木质结构,容易藏虫和遭鼠雀危害。二是社会复杂,粮库被盗案件等各类事故时有发生。三是技术落后,储粮杀虫剂靠进口。因此决定了当时以开展清洁卫生防治和简单的物理机械防治为主的储粮技术。其主要方法是嵌缝粉刷堵虫巢,风车溜筛除害虫,六寸移顶治麦蛾,压盖防虫隔湿热,耙沟通风降粮温,人工捕捉灭鼠雀,放哨值班防事故。这些方法现在看来简单、费工、费力,但在当时是实现"四无"粮仓的主要手段。并且要实现"四无"粮仓是非常困难的,这时期的保防人员,以库为家,以粮为友,日夜奋战在仓房,"晴天一身灰,雨天一身泥,手上起老茧,肩膀磨破皮""宁流千滴汗,不坏一粒粮",硬是凭着主人公的责任感,凭着艰苦奋斗的精神,实现了"四无"粮仓,虽然"四无"粮仓率不高,但为我国的粮食储藏事业树立了榜样,为我国成立初期的保粮工作做出了巨大贡献。

第二,以化学手段为主,实现"四无"粮仓的阶段。

1972年以后,随着国民经济的整顿,"四无"粮仓活动得到了全面恢复。这个时期的储藏的特点:一是改造仓房条件,拆建改建了大批的民房、祠庙仓,兴建、改造了部分简易仓,增做了沥青地面和仰顶屋面,改善了仓房的防潮、密闭、通风性能;二是提高了入库粮食质量,走出小库办大库,帮助指导修建生产队仓房和晒场,添置整晒工具;三是由于化学工业的发展,磷化铝、氯化苦等熏蒸药剂国内已能大量生产,在粮仓内得到了普遍推广应用,对害虫能进行及时有效的控制。

由于以上措施的实施，这个阶段的"四无"粮仓率可达80%以上。但有些单位为了获得较好的杀虫效果，一味地追求"四无"，大剂量的使用化学药剂，导致害虫抗性产生和发展，储粮药物残留量增加，保防人员身体健康受到影响，暴露出了长期使用化学药剂的弊病。

第三，以综合手段实现"四无"粮仓阶段。

20世纪90年代初开始，为了解决粮食仓储设施落后等问题，我国逐步进入了大规模粮食储藏设施建设时期。1991年确定建设了18个机械化粮库。特别是1998年以来，国家加大了投资力度，安排343亿元国债资金，分三批建设了1100多个粮库，新增仓容500多亿公斤。

为了适应粮食储藏技术现代化的发展，一批自主开发、先进实用的粮食储藏专用新技术、新装备，得到了全面推广和产业化应用，大大提升了我国粮食储藏技术水平。1998年以来，以环流熏蒸、谷物冷却机、机械通风和粮情测控为代表的"四项新技术"广泛应用，大大提高了储藏技术管理水平。新技术和新装备的应用，大大提高了储藏水平，保证了粮食品质，降低了储粮损失，确保了储粮安全。

这时期，"四无"粮仓活动，经过粮食储藏工作者几代人的努力，"四无"粮仓水平逐年在提高，每年都在96%以上。由于粮油仓储科技水平不断提高，"四无"粮仓容易实现。另一方面，随着社会不断发展，新形势下出现的新问题，在"四无"粮仓标准中不能体现。新的形势对粮食仓储工作提出了更高的要求。

二、"一符四无"粮仓和"四无油罐"标准

20世纪90年代，国家粮食行政管理部门重新规范和完善了"一符四无"粮仓和"四无油罐"标准。

（一）"一符四无粮仓"标准

1. "一符"

"一符"是指国有粮油仓库代国家储存的粮油要做到账实相符。即保管账、统计账、会计账与实物数量相符，没有擅自动用国家库存粮油的现象。

粮食在入库时，按照不同品种、性质、等级分类入库保管，核实数量，分别记入保管卡片账、统计账和会计账。在保管过程及出库时，始终保持账实相符。

2. 无害虫

仓房、露天囤（垛）、货场、车间（指仓库内附属车间，下同）及其存放的粮食（含油料，下同）、装具、器材和铺苫物料等全部达到《粮油储藏技术规范》中规定"基本无虫粮"标准或相应标准的称为无害虫。

粮食入库时，害虫密度超过"基本无虫粮"标准，但能做到隔离存放，并积极按《粮油储藏技术规范》中的虫粮处理原则进行防治处理的也算无害虫。

3. 无变质

储藏的粮食色泽、气味正常，没有发生生霉、劣变降等、污染称为无变质。粮食因发热、生霉、劣变、污染等造成降等扣价，其数量未超过检查评定当月（季、年）平均库存的十万分之一，绝对损失数量未超过平均库存的百万分之一的，也算无变质。

粮食入库时，经验质已有霉变、轻微污染或色泽气味不正常，如能采取措施，使损失不再

扩大的，仍可视为无变质。

4. 无鼠雀

仓房内无鼠雀，也无鼠雀粪便、足迹、洞穴、窝巢及危害痕迹等，并有防鼠雀设施；露天储粮无鼠雀危害痕迹，均称为无鼠雀。仓房、露天囤（垛）内偶尔窜入鼠雀，但能及时发现，并将鼠雀驱捕的，也可视为无鼠雀。

5. 无事故

在仓储业务中，除人力不可抗拒的自然灾害外，没有发生火灾、盗窃、中毒、粉尘爆炸、工伤（轻伤可以不计）以及粮食被虫蚀、变质等事故的称为无事故。

（二）"四无油罐"标准

1. 无变质

保管的食用或工业用植物油脂质量符合国家标准（无国家标准的执行专业标准或地方标准）的，称为无变质。

油脂入库时，经检验证明已有轻微变质，入库后能及时采取处理措施，达到标准或使变质的数量不再扩大和变质的程度不再加重的，也可视为无变质。

2. 无混杂

保管的食用与工业用油脂，都能按不同品种、等级严格分开存放，并且装具有明显标志的，称为无混杂。

3. 无渗漏

保管的油脂没有发生漫顶、渗漏、跑罐（池）的，称为无渗漏。个别油罐（池、桶）发生轻微渗漏，但能及时采取措施，其损失未超过 1kg 的，仍可视为无渗漏。

4. 无事故

参照"一符四无粮仓"标准执行。

第二节　粮油仓储企业规范化管理水平评价

一、评价方法

为了规范粮油仓储企业管理评价行为，引导企业规范管理，提高企业仓储管理水平，确保库存粮食的数量真实、质量良好、储存安全。2009 年开始，国家粮食局着力开展粮油仓储企业规范化管理活动，将粮油仓储管理考评提升了一个层次，把各项指标考核进行了量化。由各级粮食行政管理部门对粮油仓储企业管理水平的评价（中国储备粮管理总公司、中粮集团有限公司、中国华粮物流集团公司参照本办法对本公司直属企业的仓储管理水平进行评价），旨在进一步提升粮油仓储管理水平，以适应新时期新形势发展的要求。

粮油仓储企业管理水平评价指标分基本指标、综合指标和加分指标。基本指标为企业必须做到的事项，如果有一项基本指标未达到要求，可直接判定被评价企业为规范化管理不达标企业，基本指标没有分值。综合指标反映企业某些方面的管理水平，专家应根据企业达标程度，给予不同的分值，综合指标的总分值为 100 分，评分方法为逐项评价，不符合要求的扣分。加分指标为企业在管理上做出突出成就的事项，具备这些能力表明企业管理水平比较高，专家根据企业取得的成果，给予一定的加分分值，一个企业的累计加分不得超过 10 分。

二、评价内容

粮油仓储企业管理水平评价内容应包括：基本条件、管理制度建设、仓储管理情况、仓储设施管理情况、安全生产情况、企业文化建设情况。其评分表参见表 12-1。

表 12-1　　　　　　　　　　粮油仓储企业规范化管理水平评价表

序号	项目	指标	要求	评分要点
1	基本条件	基本条件	具备企业法人资格，持续经营满 2 年，已经在粮食行政管理部门备案。没有不执行国家或本地区粮食应急预案、统计制度和国家粮食政策的情况	任何 1 项未达标，直接判定为规范化管理不达标企业
2	管理制度	综合制度	具有财务制度、统计制度、固定资产和物资管理制度、人事工资管理制度、档案管理制度、卫生管理制度并切实得到落实	缺少 1 项制度，扣 1 分；1 项制度不完整或没有得到落实，扣 0.2 分。企业通过 ISO 质量体系认证或通过 HACCP 认证的，加 2 分
3		仓储管理制度	建立安全储粮责任制、粮情检查与处置制度、粮油保管员责任制、粮油质量检验员责任制度、粮油出入库（仓）制度、检斤管理制度、粮油保管器材管理制度、卫生制度	缺少 1 项制度，扣 1 分；1 项制度不完整或没有得到落实，扣 0.3 分
4		安全生产制度	建立安全生产责任制、安全生产检查及隐患排查处理制度、药剂管理制度、防火制度、防汛制度、保卫制度、持证上岗制度、岗前安全生产知识培训制度、安全生产应急预案及演练	缺少 1 项制度，扣 1 分；1 项制度不完整或没有得到落实，扣 0.2 分
5		生产作业规程	有粮油入（出）库（仓）作业规程、各类设备管理维护与操作规程、高空作业操作规程、熏蒸作业操作规程、粮情检测系统操作规程、通风作业操作规程	缺少 1 项制度或规程，扣 1 分；1 项制度不完整或没有得到落实，扣 0.3 分。建立本企业技术标准体系的，加 1 分
6		账务管理	已经建立实物、统计、财务等账务工作体系，各类账表凭证规范，审核机制健全，档案资料完整，定期开展账账、账实核查，且账实相符	账实不符的直接判定为规范化管理不达标企业。工作体系不健全、账表不完整、资料不完整、无审核机制、未定期开展核查工作的，每项次扣 0.5 分

续表

序号	项目	指标	要求	评分要点
7		基本要求	2 年内未发生粮油储存事故和安全生产责任事故,账实相符	任何 1 项未达标,直接判定为规范化管理不达标企业
8		粮堆	粮堆能够做到分类堆放,粮堆形状有利于粮食的储存安全,并做到规范整齐,及时制作并悬挂粮堆信息卡片,内容完整、规范	食用粮油与非食用粮油混存的,直接判定为规范化管理不达标企业,存在其他混存的,扣 2 分;未制作、悬挂粮堆信息卡片或卡片内容不规范的,扣 0.5 分
9		保粮措施	有涵盖经常储存粮食品种的仓储管理预案,有储粮安全事故应急处置预案,有翔实的操作规程,有人均保粮数量、自然损耗定额、降水降温能耗定额、主要器材消耗、吨粮年均保管成本等指标并得到贯彻	无仓储管理预案和储粮安全事故应急处置预案的扣 0.5 分;无其他项目的,每缺少 1 项扣 0.1 分
10	仓储管理	粮油收购	有粮食收购许可证,按国家粮食收购政策组织收购,制订粮食收购工作方案,粮食收购流程合理,有收购粮食品种的扣量扣价标准,付款及时,各类凭证、账表齐全,记录及时准确。为售粮人提供便民服务	无证组织收购的企业可直接判定为规范化管理不达标企业,无工作方案,工作流程不合理的,每项扣 0.2 分;未按规定制作收购凭证或凭证不规范的、账表不规范或记录不及时的每项次扣 0.2 分;未向售粮人提供配套服务的,扣 0.1 分
11		粮油入仓入库	制订粮油入库入仓(做垛、囤等)工作方案,作业流程合理,安全措施明确,对入仓粮油质量有要求,有检验记录,对入库入仓过程记录完整,能耗、破碎率增加值等符合要求,做到不同粮食分类堆放,及时建卡、账、簿,无明显杂质聚集现象	无工作方案、安全措施、过程记录的,每项扣 0.5 分;能耗、破碎率等未达标的,未及时建卡、账、簿的,每项扣 0.5 分
12		粮油出库	制订粮油出库出仓工作方案,作业流程合理,安全措施明确,有能耗、破碎率增加值要求,执行出仓出库粮油品质检验制度	无工作方案、安全措施的,每项扣 0.2 分;无能耗、破碎率要求或超过要求的,每项扣 0.1 分

续表

序号	项目	指标	要求	评分要点
13		粮情检查与处置	企业负责人、仓储业务部门负责人、保管员职责清晰，工作流程合理，有关人员操作规范，工作记录准确，处置及时有效，库存粮食杂质、水分、自然损耗等要求明确	各级管理人员责任不清或未落实的，每一级扣0.3分；工作流程不合理的或未按程序组织作业的，扣0.5分；工作记录不完整、不清晰的，每一本扣0.1分；储粮安全隐患处置不及时的扣1分；自然损耗超过国家标准的，每一个货位扣0.5分。装备计算机测温系统仓容占总仓容比例达到70%的，加0.2分，每增加5个百分点，再加0.1分；计算机测温系统具备自动控制功能且正常使用的，加0.1分
14		化验室	有符合要求的化验室，岗位责任明确，工作流程合理，档案完整，有基本的粮食物理化学检验仪器，化验室管理规范	无化验室的直接判定为规范化管理不达标企业。制度不健全、管理不规范、岗位责任不明确、工作流程不合理、档案不完整、缺少基本检验仪器的，每项扣0.1分。通过国家认证的化验室，加0.2分
15	仓储管理	库存粮食品质	建立库存粮油轮换机制，执行粮油分类储存制度，库存粮油品质受控，政策性粮油品质符合规定要求	政策性粮油储存品质不符合规定标准，每个货位扣1分；未建立轮换机制的，扣0.2分；有混存现象的，每个货位扣0.5分；粮油质量档案不健全的，扣0.5分。政策性粮食品质比国家标准或合同规定标准好的，每个货位加0.1分
16		通风作业	能够按照技术规程组织作业，通风作业方案完整，作业条件清楚，有明确的温度水分控制目标，作业流程合理，岗位职责明确，工作记录详细，能耗、水分未超过规定，未造成粮堆结露	无通风作业管理制度或制度模糊的，扣0.5分；通风作业方案目标不明确、流程不合理、职责不清楚、记录不详细的扣0.2分；能耗水分超过标准的，扣0.1分；造成粮堆严重结露的扣2分。通风作业全面实现计算机自动控制的，加0.1分。能实现机械通风作业仓容占总仓容比例达到80%的，加0.2分，每超过5个百分点，再加0.1分
17		熏蒸作业	严格执行熏蒸作业规定，储粮仓房有防虫措施，杀虫作业方案科学完整，杀虫措施得当，流程合理，职责明确，作业过程记录完整，安全措施得当，同一批次粮食每年熏	在药剂管理和熏蒸作业方面存在违规行为的，直接判定为规范化管理不达标企业。同一批粮食每年熏蒸超过1次、安全防护不达标、现场管理不规范的，每项次扣2分；无操作规程和管理办

续表

序号	项目	指标	要求	评分要点
17	仓储管理		蒸不超过 1 次，无违规作业行为，熏蒸作业现场管理规范，熏蒸作业防护措施到位	法、作业方案不完整，采取措施不得当，作业流程不合理，职责不明确，记录不完整的每项扣 0.2 分；无防虫措施或措施不得当的，每 2 个货位扣 0.5 分。能够实现环流熏蒸作业仓容占总仓容比例达到 60% 的加 0.2 分，每增加 5 个百分点，再加 0.1 分
18		仓房	有仓房建设档案、使用方法和要求，规范编号。有防鼠防雀措施，有必要的仓储设施，有安全生产措施。门窗开启灵活、关闭严密。墙面整洁。地面完整。仓房钢件定期做防锈处理。附属设备定期保养，状况完好。配电柜上锁。有必要的防水、防潮、隔热措施。有仓房维修维护的投入机制、工作机制	无档案、无使用方法、无维修工作机制、无投入机制或仓房油罐编号不规范的，每项次扣 0.2 分。无防鼠防雀措施或措施不得当的，每项次扣 0.1 分。仓房的门窗、地面、墙面、钢件、防水、防潮、隔热、配电柜等存在不达标现象的，每 2 项次扣 0.1 分。仓房附属设施设备管理不规范、未定期保养的，每项次扣 0.5 分。扣完为止。仓房采取特别密闭措施的，每 0.5 万 t 仓容加 0.2 分
19	仓储设施管理	设备	建立设备使用维修档案，档案且完整。有设备卡片。有设备管理办法。有设备操作规程。有备品备件管理办法。有针对精密仪表、传感器的管理措施。设备摆放整齐，及时清理维护	无档案、卡片、操作规程、管理措施的，每一项扣 0.1 分；未及时清理维护、摆放不整齐的，每 2 件扣 0.1 分
20		器材管理	各类器材堆放整齐，账务清晰，账实相符，摆放整齐、定期盘点	无器材管理制度和领用办法，每 2 处扣 0.1 分；账务不清楚，账实不符，未定期盘点的，扣 0.5 分；存在大量积压，利用率低的，扣 0.2 分；摆放不整齐的，每 2 处扣 0.1 分。能够合理回收利用的，每项次加 0.1 分
21		其他设施	有操作规程或使用办法，管理职责清晰，维护维修及时	无操作规程或使用办法、无管理职责、维护不及时的，每项次扣 0.1 分
22		库区	库区功能分区合理，整洁。仓储区地面硬化，安全、交通等标识明显。仓储区无影响粮油进出仓的障碍物，生活区绿化美化	分区不合理扣 0.1 分；仓储区未硬化的，库区、生活区环境脏乱差，扣 0.2 分；库区规划不利于粮油进出仓库，扣 0.2 分。各类缆线入地的，加 0.2 分
23		地面	道路、场地等划分标志明显	未划分或划分不明显的扣 0.1 分。库区整体硬化的，加 0.1 分

续表

序号	项目	指标	要求	评分要点
24	安全生产	安全体系建设	设立安全生产管理机构，建立安全生产工作体系，建立安全生产检查及隐患监控体系，建立安全生产投入机制，执行人员培训、关键岗位持证上岗制度，安全生产操作规程健全，出租设施、外包业务安全生产监管到位	2 年内发生安全生产事故的，对外包业务和外租设施设备没有安全监管措施的，未建立管理机构、工作体系、检查体系、投入机制的直接判定为规范化管理不达标企业。未执行人员培训、持证上岗制度的，扣 0.2 分；安全生产操作规程不健全的，每缺少 1 项扣 0.1 分
25		安全防火	组织机构、防火应急预案和消防设施。预案应定期演练，设施应定期维护。消防通道通畅，有检查及隐患监管措施	无符合规定要求的消防设施或设备的，直接判定为规范化管理不达标企业。消防通道不符合要求的，扣 0.5 分；无组织机构、预案，每项次扣 0.1 分；设备未定期维护、预案不演练的，每 2 项扣 0.1 分
26		安全防汛	有应急预案并定期演练，有防范措施及物资，有防雷措施	无预案、防范措施、防汛物资、防雷措施的，每 2 项扣 0.1 分
27		药剂管理	药品库符合规定，有进出台账，领用监控措施健全	药品库设施和管理不符合规定，药品堆放混乱，报废药剂处置不及时的，台账记录混乱或与库存不符、领用制度存在漏洞的，直接判定为规范化管理不达标企业
28		安全用电	专业人员应持证上岗，建立线路、电器定期检查维护工作制度，有必要的防护措施，有安全用电管理规定	未执行持证上岗制度的，直接判定为规范化管理不达标企业，没有定期检查工作机制或存在安全隐患的，扣 0.2 分
29	企业文化建设	保管员、化验员	按仓容计算，粮库粮油质量检验员不少于 2 人；每 1.5 万 t 仓容粮油保管员数量不少于 1 人。油库粮油质量检验员不少于 2 人；每 3 万 t 油罐粮油保管员数量不少于 1 人。粮油保管员、粮油质量检验员有职业资格证书，职责要求明确	无证书的，每 1 人次扣 0.1 分；职责要求不明确的扣 0.1 分
30		在职教育	有在职教育规划或计划，有在职教育投入机制，职工素质逐年提高	无规划或计划、无投入机制的，扣 0.2 分。获省、部级奖励或称号的，每人次加 0.5 分

续表

序号	项目	指标	要求	评分要点
31	企业文化建设	技术创新	鼓励职工进行技术创新,有技术创新激励机制,有技术项目管理制度	在省、国家级专业刊物发布1篇文章,加0.5分;获1次省部级研究奖励的,加1分;技术创新或管理经验得到县以上粮食管理部门认可,并在一定范围内推广的,加0.3分
32		劳动保护	粮油保管员、检验员、电工、设备维修工、执行高空作业人员有相应的防护设备装备、工作补贴	无相应防护设备装备的,每项次扣0.2分;无工作补贴的,每项扣0.1分
33		环境卫生	库区干净整洁,生活区绿化美化	库区脏乱,每处扣0.1分。生活区绿化美化,办公生活场所整洁的,加0.1~0.3分
34		舆论宣传	建立企业网站网页	建立企业网站或网页并及时更新的,加0.2分
35		信息化	鼓励通过信息化提高企业管理效率	实现仓储业务信息化管理的,加0.5分;实现办公信息化管理的,加0.2分
36		职工业余生活	有活动场地,建立职工业务活动组织,经常组织活动,企业有一定费用支持	有活动场地的,建立业务活动组织且经常组织活动的,每2项次加0.1分;企业有经费支持的,当年每5万元加0.1分

第三节　中央储备粮包仓制综合考评体系

2016年,中央储备粮库实行"包数量、包质量、包安全、包费用、包规范化管理"为主要内容的包仓管理责任制,其考评体系如下。

一、组织架构

直属库成立包仓制考核领导小组,分管主任任组长,科长、副科长任副组长,各保管组组长为成员。办公室设在仓储科,负责包仓制日常工作。

二、岗位职责

(一)检验员

检验员作为质量考核主体,主要对质量检测结果准确性进行考核。在每年新粮入库、质量常规检测中，各项质量指标检测结果真实准确，在允许偏差范围内，且与分公司检查验收质量检测结果基本一致。质量考核优先以分公司检测结果为考核依据，同时兼顾检验员检测的准确性。

（二）检斤员（监磅员）

检斤员（监磅员）主要对数量计量结果准确性负责。

（三）保管员

1. 承担数量、质量及储存损耗考核

根据直属库下达的年度考核指标，直属企业结合不同仓储基本条件、粮食品种、数量、质量、储存年限等实际情况，确定保管员承包货位出库时粮食数量、质量和储存损耗率的考核指标，并承担相应的考核责任。

2. 承担安全生产考核

保管员是仓房作业责任人，既是执行者，又是管理者，负责粮食出入库和保管期间的作业现场安全。确保不发生违章指挥、违规操作和违反劳动纪律等事件，不发生财产损失、人身伤亡等安全生产责任事故，实现安全生产无事故考核目标。

3. 承担用品费用考核

结合直属库实际情况，以单仓在一个储存周期内发生费用进行综合核算，对熏蒸防护、作业加班、出入仓整理和工作用电等劳务性费用实行定额包干使用。对保管日常用品及器具实行定量控制。仓房设备维修改造、科技投入、出入库设施等，由直属库统一安排，不纳入包仓考核范围。

4. 承担规范化管理考核

把《包仓制月度考核明细表》作为保管员月度考核的主要依据。主要考核内容包含行为规范、基础管理、安全生产、科技储粮，同时结合仓储工作实际，将当期重点工作作为机动考核内容纳入月度考核。

三、责任划分比例

（一）考核数量

新粮入库责任权重比：检斤员占20%，监磅员占20%，保管员占40%，检验员占20%。（监磅员、检斤员可由一人兼任）

新粮出库责任权重比：检斤员占40%，监磅员占40%，检验员占20%。（监磅员、检斤员可由一人兼任）

静态保管责任权重比（储存损耗）：保管员占100%。

（二）考核质量

新粮入库责任权重比：检验员占80%，保管员占20%。

静态保管责任权重比：保管员占80%，检验员占20%。

（三）考核安全生产

月度考核责任权重比：保管员100%。

年度考核责任权重比：保管员100%。

（四）考核用品费用

责任权重比：保管员100%。

劳务性费用坚持"谁劳谁得"原则，以保管员为主，其他人员经包仓保管员同意也可自愿承担相应工作任务。

（五）考核规范化管理

责任权重比：保管员100%。

仓储规范化管理主要通过月度考核体现，采取百分制考核。

四、评价体系

1. 制定《包仓制货位主要指标确认书》

根据不同仓型、不同品种、不同性质以及新旧粮食的具体情况，以单仓为考核单位、以轮换周期为包仓执行期，确定每个包仓货位主要内容及考核指标，并在包仓执行期开始签订确认书。

2. 制定《包仓制月度考核表》及《包仓制月度考核明细表》

重点对基础管理、安全生产和科技储粮进行月度常规考核，强化仓储基础管理规范化、标准化和精细化。

3. 制定《包仓制年度考核表》及《包仓制年度考核明细表》

重点对新粮入库质量、仓储静态管理和用品费用进行年度绩效考核，强化严把粮食质量入库关、依靠管理出效益，促进企业内涵式发展。

4. 制定《包仓制周期考核表》

依据出库后认定的实际储存损耗，重点对粮食数量进行轮换周期考核，强化科技增效、管理增效和减损增效。

5. 制定《包仓制保管员年度综合测评表》

依据全年所有的月度考核、年度考核和周期考核，对保管员进行百分制综合测评。建立完善"按表现定级、按绩效分配"的考核机制。

五、对标考核和兑现奖惩

依据包仓制评价体系，以单仓考核为主，结合仓房粮食数量，在一个轮换执行周期内对包仓货位开展月度考核、年度考核和周期考核，并对保管员进行年度综合测评及考评奖惩。

根据年度内的月度、年度、周期考核情况，对保管员进行年度综合测评，月度考核占70%、年度考核占15%、周期考核占15%。如保管员承包多个货位取平均值计算年度总得分。

按照"按表现定级、按绩效分配"原则，直属库根据保管员年度综合测评排名情况，按适当比例重新核定保管员次年岗位职级（一、二、三级），并依据综合测评得分分配当年绩效奖金。奖金基数为全部保管员绩效奖金总额除以全部保管员测评总分，再将基数乘以保管员实际得分即为保管员年度绩效奖金。根据包仓管理业绩，直属库应将保管员的绩效奖金分解下达到仓储（监管）科室，由科室包干使用。

第四节 "星级粮库"创建活动和"四化粮库"评定简介

一、安徽省"星级粮库"创建活动

2016 年起，安徽省开展"星级粮库"创建活动。"星级粮库"创建包括组织领导、人才队伍、仓储设施、储粮技术、质量管理、数量管理、管理制度、安全生产、仓储信息化、库容库貌、经济效益和文明形象 12 个方面内容，实行 100 分制。活动还要求，"星级粮库"创建活动同开展"四无粮仓"创建活动等有机结合起来。

"星级粮库"暂定五个等级，即一星级（★）、二星级（★★）、三星级（★★★）、四星级（★★★★）和五星级（★★★★★）粮库。"星级"等级根据综合评分情况予以确定。

（一）考核主要内容

1. 组织领导

主要考核创建工作机构和方案，创建工作有计划、有目标、有措施、有效果。

2. 人才队伍

主要考核职工参加职业技能培训、考核、鉴定并取得职业资格情况，以及参加在职教育、政治理论、专业知识学习和业务技能比武等情况。

3. 仓储设施

主要考核粮库仓储设施设备硬件配置情况，重点是仓房、设施、设备的配备使用、维护保养和规范管理，以及粮库现代化建设等情况。

4. 储粮技术

主要考核粮库机械通风、粮情测控、环流熏蒸、谷物冷却四项储粮技术应用，现代控温储粮技术综合应用，以及富氮低氧气调储粮等绿色储粮技术的研究实践和推广应用。

5. 质量管理

主要考核库存粮油质量情况，包括粮油收购、入库、储存、出库等环节的质量检测与管理，检化验室建设与管理、检化验仪器设备配置、粮油质量检验员配备和质量档案管理等情况。重点考核库存粮油质量合格率、储存品质宜存率和卫生指标合格率。

6. 数量管理

主要考核库存粮油数量安全，包括库存粮油数量的真实性，粮油库存统计账、会计账、实物账和账实相符以及库存粮油损耗等情况。

7. 管理制度

主要考核仓储管理制度、仓储工作流程优化和流程图制订完善，以及实际工作中的执行情况。

8. 安全生产

主要考核粮库安全生产情况，储粮化学药剂和检化验试剂的使用与管理规范情况。

9. 信息化建设

主要考核粮库自动化、智能化、智慧化建设情况。

10. 库容库貌

主要考核粮库办公区、生产区、生活区环境净化、绿化、美化、清洁、卫生情况。"安徽粮食"标志、各级储备粮油、临储粮油、安全防火、安全生产等各类标牌标识设置、悬挂情况。

11. 经济效益

主要考核企业盈利情况、所有权益情况、员工收入增长情况，遗留问题解决情况。

12. 文明形象

主要考核遵守粮食行业规范服务标准，职工佩证上岗，使用文明礼貌用语情况。严格执行国家粮食购销政策，遵纪守法，诚实守信，为民服务设施建设和维护管理情况。

（二）星级等级划分

星级粮库应符合通用要求和相应等级标准的基本条件，按评估综合得分取得相应等级标准。综合得分≥90分评定为"五星"粮库，85分≤综合得分<90分评定为"四星"粮库，80分≤综合得分<85分的评定为"三星"粮库，75分≤综合得分<80分的评定为"二星"粮库，70分≤综合得分<75分的评定为"一星"粮库。综合得分<70分的不予评定星级。

（三）工作步骤

1. 上报创建材料

每年12月底前，各市、各单位对所辖（属）申报单位创建活动组织开展情况进行指导和评估，将符合要求的粮库推荐上报。《"星级粮库"申报资料》装订成册，于次年1月20日前报负责评定的粮食局。

2. 基本评估

省市县粮食局组织对申报"星级粮库"资料进行审核，符合要求的安排现场评估。评估中发现申报资料弄虚作假的，当年不予评定星级。

3. 现场评估

次年3月份，负责评定的粮食局组织"星级粮库"专家评估工作组进行现场评估。根据评估工作组意见，各级粮食局召开局长办公会议集体研究评定等级。

4. 公示公布授牌

评定结果通过适当方式进行公示，公开接受监督，公示时间为5个工作日。公示结束后，正式发文公布，并进行授牌。

5. 复评管理

"星级粮库"实行动态管理，每两年组织复评一次。复评合格的，保留原"星级"荣誉；复评不合格的，要求限期整改，或降低星级等级直至摘牌。

（四）申报和管理

1. 企业申报

企业自评符合创建条件的，于每年11月底前向负责评定的粮食局提出申请，独立法人企业可直接申报，非独立法人企业由控股企业申报。

2. 分级评估

"一星""二星"粮库由县粮食局负责组织评估或复评，"二星"粮库报市粮食局审批，"一星"粮库总数量不得超过辖区内规划保留库点数的50%，"二星"粮库数量不得超过辖区内"一星"粮库总数量的60%；"三星""四星"粮库由市粮食局负责组织评估或复评，"四星"粮库报省粮食局审批，"三星"粮库数量不得超过辖区内"二星"粮库总数量的50%，"四星"粮库数量不得超过辖区内"三星"粮库总数量的30%；"五星"粮库由省粮食局负责评估或复评。市县粮食局"星级粮库"评定结果报省粮食局备案。

3. 日常管理

企业出现安全储粮、质量事故、违反粮食流通政策法规等问题的，已取得"星级粮库"称号的，由评定机构进行摘牌处理，正在创建的取消评定资格。"星级粮库"评定结果将作为资质认定、评先评优、项目安排、技术推广等方面的重要参考。

二、浙江省"星级粮库"创建活动和"四化粮库"评定

2017年起，浙江省开展"星级粮库"创建活动和"四化粮库"评定。

（一）创建"星级粮库"

1. 创建内容

"星级粮库"创建内容由基本项目和加分项目两部分组成。基本项目包括10个方面，分值100分；加分项目包括7个方面，分值8分。

（1）基本项目

①机构队伍建设：主要考核粮库机构岗位设置，职工平均年龄，重点岗位人员职业资格或技术资格情况；职工在职教育培训，政治、文化、业务学习及技能比武等情况。

②设施设备建设与管理：主要考核粮库区域布局，仓储功能等基本情况；仓储物流设施和各类设备配置、使用、管理及保护情况；粮库"四散"建设和吞吐能力情况等。

③粮油质量管理：主要考核粮库检化验室建设与管理，粮油质量检验及档案管理情况；库存粮油质量安全管理，包括粮油入库、储存、出库等环节的质量检验及库存粮油质量合格率、品质宜存率和食品安全指标合格率等情况。

④粮油数量管理：主要考核粮库库存粮油数量安全，包括粮油库存检查工作开展情况，统计账、会计账、实物账、银行台账等账账、账实相符情况。

⑤储粮技术应用：主要考核粮库科学储粮情况，包括计算机粮情测控、机械通风、环流熏蒸、机械制冷等储粮技术应用情况；粮食常规熏蒸情况；现代控温储粮技术和绿色储粮技术实践和应用情况。

⑥仓储作业管理：主要考核粮库仓储管理工作制度、流程和操作规程的制订完善以及在实际工作中的落实执行情况；粮库检查纠错、整改问题隐患等情况。

⑦安全生产管理：主要考核粮库安全生产责任制落实，安全生产标准化建设等情况；粮库执行安全操作规程，储粮化学药剂和检化验化学试剂使用与管理，粮食熏蒸作业管理等情况。

⑧仓储信息化建设与管理：主要考核粮库仓储信息化建设实施与管理情况；粮库信息化子系统开发应用及联网运行等情况。

⑨劳动效率与能耗管理：主要考核粮库人均粮油保管量和作业能耗管控等情况。

⑩文明建设：主要考核粮库卫生、秩序及职工精神面貌等情况。

（2）加分项目

①科技创新：主要考核粮库科技创新研究、实践及获得国家专利等情况。

②理论研究：主要考核粮库职工理论研究、学术论文投稿等情况。

③先进荣誉：主要考核粮库（职工）荣获先进集体（个人）等荣誉情况。

④低碳节能：主要考核粮库应用天然清洁能源情况。

⑤质检建设：主要考核粮库食品安全指标检测能力建设和开展检测情况。

⑥标准认证：主要考核企业（粮库）通过国际、国家有关标准体系认证情况。

⑦企业文化：主要考核企业（粮库）创建特色企业文化情况。

2. 申报条件

申报创建星级的粮库，应当符合以下条件：

（1）牢固树立为国储粮、科学管理、诚信经营、务实争先、服从政府调控、保障粮食安全的大局意识和责任意识。领导班子及职工团结凝聚、廉洁干事、遵纪守法，近三年无违法犯罪、违规违纪情况。

（2）职工队伍年龄、文化和专业知识结构合理，整体素质良好，职工中具有一定比例的大专以上学历的员工和高级以上职业资格的粮油保管员、检验员、化验员。

（3）认真执行《粮食流通管理条例》《粮油仓储管理办法》《浙江省地方储备粮管理办法》《浙江省储备成品粮管理办法》等法规规章和《粮油储藏技术规范》等国家标准或行业标准，粮库各项管理制度和作业规程健全完备，储备粮油管理规范。

（4）高度重视粮油质量安全管理，严格执行《粮食质量安全监管办法》等规章制度和粮油质量标准。粮油入库、储存、出库等环节严格按规定进行质量检测。库存粮油储存安全，质量良好。

（5）传承和弘扬"创业、创新、节俭、奉献"的"四无粮仓"精神，坚持开展"一符四无"粮仓检查鉴定活动，仓储基础工作扎实，近两年连续实现"一符四无"粮库。

（6）开展粮油仓储企业规范化管理水平评价，建立仓储规范化管理自查自纠机制。申报"一星级""二星级"和"三星级"以上的粮库，其规范化管理水平应分别达到"达标""良好"和"优秀"等级。

（7）高度重视安全储粮和安全生产工作，认真贯彻落实国家粮食局"一规定两守则"。安全生产责任层层压实，安全制度预案健全完善，安全设施设备运维正常，安全投入保障充足，安全措施落实到位。近两年未发生粮油储存及安全生产责任事故。

（8）申报创建"三星级""四星级"及"五星级"的粮库，仓容规模应分别不低于《粮食仓库建设标准》（建标172—2016）四类（1万t以上）、三类（2.5万t以上）及二类（5万t以上）标准（按小麦仓容计算）。

（9）申报创建"四星级"的粮库，还应同时符合以下八项要求：

①库区布局合理，粮食储存仓房为标准仓房，配套设施完善，仓储功能齐全，具有机械库、器材库、药剂库等专用场所，消防、防汛、应急发电等设施设备配置完备。

②组织机构健全，岗位设置合理，责任分工明确，职工年龄结构合理。大专以上学历人数不低于50%。

③具有面积 $30m^2$ 以上的独立检化验室；常规检化验仪器设备配置基本到位，能开展常规粮油质量指标和储存品质指标检测；配备2名以上具有职业资格的粮油质量检验员，其中专职高级以上检验员不少于1人。

④粮油保管员应全部取得职业资格，其中高级粮油保管员比例不低于80%，且至少有1名技师以上粮油保管员。

⑤年度实现绿色储粮比例达到50%以上，或常年储存粮食准低温储粮比例达到50%以上。

⑥具有面积 30m² 以上的信息化业务控制室；至少配备 1 名信息化管理或技术人员，并具备计算机、网络、数据库或信息化等相关专业技术职称。

⑦粮库通过安全生产标准化体系三级以上认证。

⑧粮油仓储规范化管理水平评价达到"优秀"等级，且综合得分不低于 96 分。

（10）申报创建"五星级"的粮库，在满足"四星级粮库"条件的基础上，还应同时符合以下八项要求：

①职工中大专以上学历人数不低于 80%。

②具有面积 50m² 以上的独立检化验室；检化验仪器设备配置齐全，具备常规粮油质量、储存品质指标检测能力和食品安全指标快检能力；配备 3 名以上具有职业资格的粮油质量检验员，其中专职检验员不少于 2 人，高级检验员比例不低于 50%，且至少有 1 名检验师。

③高级以上粮油保管员中技师比例不低于 30%，且至少有 1 名高级技师粮油保管员。

④年度绿色储粮和常年储存粮食准低温储粮比例均达到 100%。

⑤具有面积 50m² 以上的信息化业务控制室；至少配备 2 名信息化管理或技术人员，其中专职人员不少于 1 人，并具备计算机、网络、数据库或信息化等相关专业中级以上技术职称。

⑥建成"智慧粮库"并有效运行。"智慧粮库"信息系统中应至少包含粮食业务管理系统、粮食智能出入库系统、智能仓储系统（含多参数粮情检测、智能通风、智能控温、智能气调和仓外智能测虫）、库区安防系统等，并实现粮库与上级企业、行政管理部门的联网和数据自动传输。

⑦粮库通过安全生产标准化体系二级以上认证。

⑧重视企业文化建设，在弘扬行业精神的基础上提炼企业精神，培育特色企业文化，并有一定的载体和声誉。

3. 星级划分

"星级粮库"划分为五个等级，即五星级粮库（★★★★★）、四星级粮库（★★★★）、三星级粮库（★★★）、二星级粮库（★★）和一星级粮库（★）。

星级根据创建评估综合得分情况予以确定：综合得分≥102 分，且基本项目得分不低于 98 分的评定为五星级；95≤综合得分<102 的评定为四星级；85 分≤综合得分<95 分的评定为三星级；75 分≤综合得分<85 分的评定为二星级；65 分≤综合得分<75 分的评定为一星级。综合得分<65 分的不予评定星级。

4. 创建步骤

（1）上报创建方案 申报单位根据本意见要求，结合实际，制定切实可行的《××××年度"星级粮库"创建计划方案》，于每年 3 月底前上报县粮食局（市本级企业直接上报市粮食局）。县粮食局初审后转报市粮食局，市粮食局汇总后于 4 月底前报至省粮食局。省属粮库创建计划方案由主管企业审核后上报省粮食局。逾期未报的，不予安排评定星级。

（2）对照标准创建 申报单位对照"星级粮库"创建内容和标准，扎实开展创建工作。各级粮食局和有关企业应积极对申报单位的创建活动进行业务指导。

（3）上报申报材料 申报单位认真填写《"星级粮库"申报资料》，并装订成册，于年底前逐级上报至市粮食局。市粮食局审核后，于次年 1 月 20 日前将符合条件要求的粮库申报材料报至省粮食局。省属粮库申报资料由主管企业审核上报省粮食局。逾期未报的，不予安排评定星级。

（4）申报资料评估　省粮食局根据申报资料进行初步评估，对符合条件要求的粮库予以安排现场考评。

（5）专家现场考评　次年3月份，省粮食局从浙江省"星级粮库"考评专家库中抽调专业人员组成考评工作组，对申报粮库进行现场考评并打分。打分完毕后，考评组应认真梳理检查考评情况，形成书面意见并当场反馈申报单位。考评过程中如查实申报单位资料有弄虚作假的，将直接取消其评星资格。

申报单位应根据考评组反馈意见，对存在的问题和不足落实责任人员，采取措施及时进行整改，并按要求上报整改情况。

现场考评工作结束后，考评组应及时将计分表及考评书面报告等材料上报省粮食局。

（6）综合评定星级　省粮食局委托浙江省"星级粮库"专家评审委员会进行综合评审。专家评审委员会根据现场考评打分结果以及综合因素等情况，提出评审意见和建议，报省粮食局办公会议审定。

（7）公示公布授牌　省粮食局审议后，在政务网上公示评定结果，公开接受社会监督，公示时间为7天。公示结束后，省粮食局正式发文公布，并在适当场合授牌发证。

5. 星级粮库管理

（1）对新申报粮库每年组织评审。粮库首次申报评星不得高于"三星级"；新建粮库需使用满2年后方可申请评星。

（2）"星级粮库"晋级采取逐级递增方式进行，间隔期不得低于2年，晋级程序参照创建步骤。

（3）"星级粮库"评定后，有效期为5年，期满后需重新申请评定。有效期内，"星级粮库"需参加年度考核，考核采用书面资料检查、现场检查等方式。

每年1月20日前，各"星级粮库"应向省、市粮食局报送年度考核资料，资料样式参照《"星级粮库"申报资料》有关内容制作。省、市粮食局根据分工对资料进行检查，并提出考核意见。省粮食局每年将按照20%左右的比例，随机抽取"三星级"（含）以上的粮库开展现场检查，必要时还可对全部"星级粮库"开展现场检查。考核结果经省粮食局审定后予以公示公布。

考核合格的粮库，延续星级荣誉；考核不合格的，要求限期整改，并视整改情况采取保留、降低或取消星级荣誉措施。

6. 奖励措施

对当年度新获评或晋级的"星级粮库"，有关单位可根据实际情况给予适当奖励。

7. 职责分工

县粮食局负责申报资料初审；市粮食局负责资料审核，对申报单位做出规范化管理水平评价，并受省粮食局委托对"二星级"和"一星级"粮库组织考评；省属企业负责所属粮库资料审核和评价；"星级粮库"专家评审委员会负责综合评审；省粮食局负责资料审核、组织考评、综合评定、公示公布和授牌发证。

8. 专家库和专家评审委员会

浙江省"星级粮库"考评专家库由省粮食局按照不同专业方向，在全省范围内择优选拔行业技术骨干、专家能手等人员组成。浙江省"星级粮库"专家评审委员会由省粮食局择定行业内享有较高声誉、实践经验丰富、学术造诣深厚的领导专家组建。

省粮食局根据实际情况的变化，不定期对专家库和专家评审委员会成员进行调整。各市可参照组建本地区"星级粮库"考评专家库，指导实际工作。

（二）"四化粮库"评定

2017 年起，浙江省开展仓廪现代化、储粮绿色化、信息智慧化、管理精细化为主要内容的"四化粮库"评比活动。

1. "四化粮库"评比内容

（1）仓廪现代化　是指粮库规模功能合理、设施设备先进、工艺流程科学、物流运输高效、库区环境生态等的总和。

（2）储粮绿色化　是指粮库运用绿色、低碳等技术手段，形成一安（安全储粮）、两无（无污染、无变质）、三低（低排放、低能耗、低用药）的安全储粮生态链。

（3）信息智慧化　是指粮库运用物联网、云平台、大数据等信息技术，建有办公管理、生产管理、安全管理、应急指挥、粮食出入库、综合安防、智能仓储、仓顶阳光等信息系统，实现粮食吞吐、库存监测、粮情检测、粮情处置等生产业务的智能控制、智慧决策。

（4）管理精细化　是指粮库建立使命愿景清晰、队伍保障有力、制度执行严格、操作流程规范、应急处置有效、企业文化卓越、考核体系完善、创新突破显著的科学管理体系。

2. 评定标准

（1）仓廪现代化

①仓容规模：仓容规模达到《粮食仓库建设标准》（建标 172—2016）二类库及以上。

②功能布局：仓储物流、办公生活等布局合理、功能齐全。

③仓房设施：所有仓房达到《粮食仓库建设标准》（建标 172—2016）标准储备仓要求，具有保温隔热功能，其气密性应达到 GB/T 25229—2010《粮油储藏　平房仓气密性要求》二级气调仓要求，窗门实现自动控制。

④机械装备：配备装卸、输送、清理、计量、通风、温控、质检等设备和装备，配套齐全、技术先进。

⑤储藏工艺：自动通风、充氮气调、自动控温、（多参数）粮情检测等四项储粮新工艺应用率均达到 100%。

⑥"四散"能力：粮食散装、散卸、散存、散运应用率达到 100%，日吞吐能力≥2000t。

⑦交通物流：交通便捷，物流顺畅，具备江海河、铁公水联运条件。

⑧生态环境：库区绿化、建筑美化、环境靓化、排放净化。

（2）储粮绿色化

①绿色储粮：常年储存粮食实现准低温比率、绿色防治比率、"基本无虫粮"比率等三项指标均达到 100%。

②粮食质量：库存粮食质量合格率、储存品质宜存率、食品安全指标合格率等三项指标均达到 100%，且具备延长储备粮轮换周期（一年以上）的综合储藏工艺技术。

③储粮安全：库存粮油未发生安全储存责任事故。

④无污染：库存粮食储存期间未受到有毒、有害生物或介质的污染。

⑤无变质：库存粮食储存期间色泽、气味正常，质量满足粮食性质和用途要求，无发热、霉变等情况。

⑥低排放：仓储作业最大限度减少污染物的排放，相关指标达到国家标准。

⑦低能耗：充分利用清洁能源，最大限度满足生产、生活等用电需求，主要作业能耗指标均低于国家相关标准。

⑧低用药：常年储存粮食不使用化学药剂进行熏蒸防治；空间、空仓、器材等有害生物防治，单位用药量低于 GB/T 29890—2013《粮油储藏技术规范》相应要求。

（3）信息智慧化

①一个中心：建有互联互通、数据交换的生产控制中心。

②一个平台：建有基于物联网的统一管控平台。

③一张网络：库区网络实现 WiFi 全覆盖，主要作业点实现光纤无死角。

④八大系统：建有办公管理、生产管理、安全管理、应急指挥、粮食出入库、综合安防、智能仓储、仓顶阳光八大信息系统。

⑤信息感知：具有气象信息、多参数粮情、视频影像、射频识别等信息采集功能。

⑥分析处理：具有数据存储、访问、交换、可视化等分析处理功能。

⑦智能控制：通风、控温、气调、数量实时监测等仓储作业实现智能化。

⑧智慧决策：具有粮堆健康指数体检、粮情趋势分析、精准作业调控、粮食质量预警、仓储管理对策等深度分析与决策支持功能。

（4）管理精细化

①使命愿景：牢固树立大粮食安全观，服务高水平粮食安全保障体系建设，打造粮食仓储行业标杆企业。

②队伍保障：组织机构健全，内部分工明确；岗位设置合理，岗位职责明晰；队伍结构优化，能力素质优良。

③规章制度：严格遵照执行《粮油储存安全责任暂行规定》，建立健全仓储、人事、行政、财务、业务、信息统计等各项管理制度，并严格执行。

④流程规程：严格遵照执行《粮油安全储存守则》《粮库安全生产守则》，并根据粮库自身实际，制定配套的安全作业流程、技术操作规程等。

⑤应急处置：对突发事件的防范意识和应急处置能力强，结合仓储企业特点，建立健全防火、防汛、防台、仓储作业等突发事件的应急预案，并定期进行演练。

⑥企业文化：注重企业文化建设，传承行业优秀文化，弘扬时代企业精神，增强凝聚力、向心力和创造力。

⑦考核体系：建立健全评价机制、激励机制、创新机制。有完善的员工岗位责任制考核办法、仓储管理考核办法、安全储粮和安全生产责任书等评价考核办法；建立激励机制，落实奖惩措施。

⑧创新突破：标准建设、课题研究、发明创造、典型经验及重要荣誉等方面卓有成效。

3. 评定规则

（1）"四化粮库"评定，仓廪现代化评定参考表 12-2、储粮绿色化参考表 12-3、信息智慧化参考表 12-4、管理精细化参考表 12-5 逐条评分，"四化"每项综合得分均在 90 分（含）以上为"四化粮库"。

（2）"四化粮库"评定需向浙江省储备粮管理有限公司提出申请，由专家评定。

表 12-2   "仓廪现代化"评定记录表

评定单位（盖章）：   评定日期：   年 月 日

项 目	分值	计 分 方 法	评定分加分（+）扣分（-）
仓容规模（5）	5	1. 粮库有效总仓容（按小麦仓容计算）达到 5 万 t 以上（5 分）。否则不得分	
功能布局（10）	6	2. 仓储、物流、办公、生活、质检等功能齐全（6 分）。每缺一项扣 2 分，扣完为止	
	4	3. 功能布局合理，分区明显（4 分）。否则酌情扣分	
仓房设施（25）	6	4. 所有仓房均采用保温隔热措施（6 分）。未达到要求每仓扣 0.5 分，扣完为止	
	7	5. 所有仓房密闭粮堆气密性（-300~-150Pa）达到 150s 以上（7 分）。不达标每仓扣 1 分，扣完为止	
	3	6. 排涝、消防、应急发电等配套设施齐全（3 分）。否则不得分	
	5	7. 储粮仓房通风口、窗门自动控制率100%（5 分）。每低 5% 扣 1 分，扣完为止	
	4	8. 仓房设施完好率100%（4 分）。发现一处不符扣 0.5 分	
机械装备（10）	4	9. 装卸、输送、清理、计量、通风、控温、质检等配备机械装备齐全（4 分）。每少一项扣 0.5 分，扣完为止	
	2	10. 机械装备技术先进、性能优良、高效低耗（2 分）。否则酌情扣分	
	4	11. 机械装备完好率100%（4 分）。发现一台（套）不符合扣 0.5 分，扣完为止	
储藏工艺（20）	5	12. 储粮仓房机械通风应用率100%（5 分）。每低 5% 扣 1 分，扣完为止	
	5	13. 储粮仓房充氮气调应用率100%（5 分）。每低 5% 扣 1 分，扣完为止	
	5	14. 储粮仓房制冷控温应用率100%（5 分）。每低 5% 扣 1 分，扣完为止	
	5	15. 储粮仓房多参数粮情测控应用率100%（5 分）。每低 5% 扣 1 分，扣完为止	

续表

项　目	分值	计　分　方　法	评定分加分（+）扣分（−）
"四散"能力（10）	5	16. 粮库日吞吐能力不低于 2000t（5 分）。每低 10% 扣 1 分，低于 1000 吨不得分	
	5	17. 原粮"四散"率达到 100%（5 分）。每低 10% 扣 1 分，扣完为止	
交通物流（10）	10	18. 交通便利，物流顺畅（5 分）。具备江海河、铁公水联运的能力（5 分）	
生态环境（10）	5	19. 库区绿化率达到 10%~20%，环境靓化、建筑美化（5 分）。否则酌情扣分	
	5	20. 库区清洁卫生常态化，排放净化（5 分）。否则酌情扣分	
综合得分	100		

评定负责人：　　　　　　评定人员：

表 12-3　　　　　　　　　　"储粮绿色化"评定记录表

评定单位（盖章）：　　　　　　　　　　评定日期：　　年　月　日

项　目	分值	计　分　方　法	评定分加分（+）扣分（−）
绿色储粮（20）	5	1. 常年储存粮食准低温比率达到 100%（5 分）。每低 5% 扣 0.5 分，扣完为止	
	2	2. 控温能耗控制在 0.5kW·h/t 以下（2 分）。否则每仓扣 0.5 分，扣完为止	
	3	3. 储粮及仓房、器材全部达到 GB/T 29890 规定的基本无虫粮标准（3 分）。否则不得分	
	5	4. 常年储存粮食有害生物绿色防治达到 100%（5 分）。否则不得分	
	2	5. 气调储粮能耗控制在 1.0kW·h/t 以下（2 分）。否则每仓扣 0.5 分，扣完为止	
	3	6. 防虫线、防虫网、防鼠板布置率 100%（1 分）；惰性粉防虫比例达到 50% 以上（1 分）；采用仓外害虫检测（1 分）。未达到要求不得分	

续表

项　目	分值	计　分　方　法	评定分加分（＋）扣分（－）
粮食质量（20）	5	7. 库存粮食质量合格率100%（5分）。每低5%扣1分，扣完为止	
	5	8. 库存粮食储存品质宜存率100%（5分）。每低5%扣1分，扣完为止	
	5	9. 库存粮食食品安全指标合格率100%（5分）。每低5%扣1分，扣完为止	
	5	10. 具备延长储备粮轮换周期（延长1年以上）的储藏技术，且已完成生产应用（5分）	
安全储粮（10）	10	11. 库存粮油未发生降等、损失、超耗等安全储存责任事故（10分）	
无污染（10）	8	12. 库存粮食储存期间未受到农药、真菌毒素、虫、霉、鼠、雀等有毒、有害生物或介质的污染（8分）。不符合要求每仓扣1分，扣完为止	
	2	13. 粮库与污染源和危险源间距符合《粮油仓储管理办法》相关要求（2分）	
无变质（10）	5	14. 库存粮食储存期间无发热、霉变、污染等情况（5分）	
	5	15. 库存粮食储存期间色泽、气味正常，质量满足粮食性质和用途要求（5分）	
低用药（10）	10	16. 常年储存粮食不使用化学药剂熏蒸（5分）；用于空间、空仓、器材等有害生物防治，单位用药量低于GB/T 29890相应要求（5分）。不符合要求每仓扣1分，扣完为止	
低排放（10）	5	17. 运用节能、环保技术，采取有效措施，最大限度地减少仓储作业过程中污染物的排放（5分）	
	5	18. 环境排放相关指标达到国家安全生产二级达标企业标准（5分）	
低能耗（10）	5	19. 充分利用清洁能源，最大限度地满足生产、生活等用电需求（5分）	
	5	20. 主要作业能耗指标均低于国家相关标准（5分）	
综合得分	100		

评定负责人：　　　　　　　　　　　　评定人员：

表 12-4   "信息智慧化"评定记录表

评定单位（盖章）：   评定日期：   年 月 日

项 目	分值	计 分 方 法	评定分加分（+）扣分（−）
一个中心（10）	3	1. 建有生产控制中心（3分）	
	5	2. 设置防火墙（2分）；设置入侵检测、防病毒、漏洞扫描等安全设施（3分）。每少一项扣1分，扣完为止	
	2	3. 实现与主管单位互联互通（2分）	
一个平台（20）	6	4. 建成统一集成平台，其中须包含扦样、称重、通风、气调、控温、粮情检测等生产作业智能控制模块（6分）。每少一项扣1分，扣完为止	
	4	5. 建有统一数据库（2分）；与主管单位数据共享（2分）	
	2	6. 支持粮食行政管理部门对储备粮管理情况的远程监督管理（2分）	
	3	7. 提供内网工作门户、外网门户和手机 APP 门户等多种访问渠道（3分）。每少一项扣1分，扣完为止	
	2	8. 有配备专职信息化人员（1分）；信息化人员获得中级及以上职称（1分）	
	3	9. 系统运行正常、数据传输畅通、维护及时有效（3分）	
一张网络（15）	5	10. 互联网联接（2分）；专线联接（2分）；专线带宽达到20Mbps 以上（1分）	
	3	11. 库区同时建设有线、WiFi 双网覆盖，且连接效果优（3分）	
	5	12. 信息点已经覆盖各业务科室、库内主要作业点以及仓储设施（包括仓房、油罐、汽车衡等）等关键位置，全覆盖到位（5分）。每少一处扣1分，扣完为止	
	2	13. 主要作业点网络主干线应采用光纤（1分）；光纤星数可拓展（1分）	
八大系统（20）	2	14. 办公管理系统：部署包括业务工作门户、公文管理、电子印章管理、档案管理、后勤管理、人事管理、考勤管理、车辆管理、党群管理、财务管理、移动办公、互联网门户等（2分）。每少一项扣0.5分，扣完为止	
	2	15. 生产管理系统：部署包括报表台账管理、轮换业务管理、中转业务管理、业务订单管理、基建项目管理、客户管理、代储点管理、资产管理、质量管理、仓储管理等（2分）。每少一项扣0.5分，扣完为止	

续表

项　目	分值	计 分 方 法	评定分加分（＋）扣分（－）
八大系统（20）	3	16. 安全管理系统：部署安全规章制度、安全检查、安全教育培训等模块（3分）。每少一项扣1分，扣完为止	
	2	17. 应急指挥系统：部署指挥调度系统，并可通过该系统召开全员或分组会议（2分）	
	2	18. 粮食出入库业务信息系统：部署包括出入库登记、扦样管理、检化验管理、计量管理、值仓管理和统计分析等模块（2分）。每少一项扣0.5分，扣完为止	
	2	19. 综合安防系统：部署视频监控、门禁、电子围栏、单兵巡更等安防系统（2分）。每少一项扣0.5分，扣完为止	
	6	20. 智能仓储作业系统：建成6个子系统，多参数粮情测控、智能通风、智能库存数量实时监测、智能气调、智能控温系统、环流熏蒸（6分）。每少一项扣1分，扣完为止	
	1	21. 仓顶阳光系统：建成仓顶阳光系统（1分）	
信息感知（5）	2	22. 温湿度传感器、气体传感器、水分传感器、害虫传感器等感知设备功能完善、运行正常（2分）。每发现一处不正常扣0.5分，扣完为止	
	1	23. 气象信息采集功能运行正常（1分）。每发现一处不正常扣0.5分，扣完为止	
	1	24. 安防监控摄像头功能运行正常（1分）。每发现一处不正常扣0.5分，扣完为止	
	1	25. 射频识别信息采集功能运行正常（1分）。每发现一处不正常扣0.5分，扣完为止	
分析处理（10）	5	26. 实现数据存储、访问、交换功能（5分）	
	5	27. 实现数据可视化管理功能（5分）	
智能控制（10）	5	28. 实现通风、气调、控温作业等智能化控制（5分）。每少一项扣2分，扣完为止	
	5	29. 实现库存数量实时监测智能化（5分）	
智慧决策（10）	10	30. 具有粮堆健康指数体检、粮情趋势分析、精准作业调控、粮食质量预警、仓储管理对策等深度分析与决策支持功能（10分）。每少一项扣2分，扣完为止	

续表

项 目	分值	计 分 方 法	评定分加分（＋）扣分（－）
综合得分	100		

评定负责人： 评定人员：

表 12-5　　　　　　　　　"管理精细化"评定记录表

评定单位（盖章）： 评定日期： 年 月 日

项 目	分值	计 分 方 法	评定分加分（＋）扣分（－）
使命愿景（10）	5	1. 使命：牢固树立大粮食安全观，服务高水平粮食安全保障体系建设（5分）	
	5	2. 愿景：打造粮食仓储行业标杆企业（5分）	
队伍保障（10）	2	3. 组织机构健全，内部分工明确（2分）	
	2	4. 岗位设置合理，岗位职责明晰（2分）	
	6	5. 年龄结构合理，老中青结合（1分），平均年龄45岁以下（1分）；配备信息化、机电维修、企业管理等专业技能人才，专业结构优化（1分）；大专（含）以上学历70%以上（1分），技术技能良好，岗位工种能力素质过硬（1分）；专业技术职称中级（含）、国家职业资格二级（含）以上不低于50%（1分）	
规章制度（15）	4	6. 建立粮（油）保管、粮油轮换管理、粮（油）情检查与处置、粮油出入库管理、粮油检斤管理、能耗管理、码头管理、设备管理、器材管理、清洁卫生、化验室管理、质量管理、质量检测、化学药品药剂管理、进口粮检验检疫管理、储备粮统计、仓储设施管理、安全用电、安全防火、防汛防台风、外包作业、隐患排查、档案管理、安全保卫和值班、外来人员管理、粮情分析、安全生产教育培训、计算机主机房管理、网络数据管理等各类安全储粮、安全生产管理制度（4分）。少一项扣0.5分，扣完为止	
	3	7. 建立人事管理、行政管理、财务管理、基建管理、业务管理、信息统计等方面管理制度（3分）。少一项扣0.5分，扣完为止	
	8	8. 严格执行《粮油储存安全责任暂行规定》及各项规章制度（8分）。每发现一处不符扣0.5分	

续表

项　目	分值	计　分　方　法	评定分加分（+）扣分（-）
规程流程（20）	3	9. 制定粮油出入库、粮油保管、粮情检查、粮温控制、机械通风、熏蒸杀虫、库存检查等仓储工作流程（3分）。少一项扣1分，扣完为止	
	2	10. 制定粮食熏蒸、机械（横向）通风、气调储粮、粮（油）情测控系统、低温（准低温）储粮等技术规程（2分）。少一项扣1分，扣完为止	
	3	11. 建立检化验安全操作规程、平房仓横向通风技术规程、制氮机操作规程、油脂装卸操作规程、高空作业安全操作规程、磷化氢环流熏蒸机操作规程、离心（斜流）风机使用操作规程、轴流风机使用操作规程、谷物冷却机操作规程、空气呼吸器操作规程、固定式起重机操作规程、输送设备使用操作规程、移动式粮食风选机操作规程、移动式清理筛操作规程、柴油发电机操作规程、消防泵操作规程、排涝泵、起重机（吊机）等操作规程（3分）。少一项扣0.5分，扣完为止	
	2	12. 建立安全生产、安全储粮台账（2分）	
	3	13. 重点部位、特种设备、危险性较大、事故多发的设备的安全操作规程应上墙（2分）。发现一处不符扣0.5分，扣完为止；特种作业持证上岗（1分）	
	7	14. 认真贯彻执行《粮油仓储管理办法》《粮油储藏技术规范》《粮油储存安全守则》《粮库安全生产守则》等办法和规定，严格按照工作流程、技术操作规程进行作业和设备操作（7分）。每发现一处不符扣0.5分，扣完为止	
应急处置（15）	2	15. 加强安全生产投入，建立人防、机防相结合的安全生产防控手段（2分）	
	2	16. 开展定期不定期隐患排查与治理（2分）	
	5	17. 建立突发安全事故综合应急预案、火灾事故专项应急预案、生产作业事故应急预案、防汛防台风专项应急预案、储粮化学药剂专项应急预案、储粮安全事故应急处置预案、反恐应急预案（5分）。少一项扣0.5分，扣完为止	
	1	18. 建立危险源识别工作机制（1分）	
	5	19. 成立义务护库队、义务消防队等救援队伍、配备救援物资，定期开展预案演练（5分）	

续表

项　目	分值	计　分　方　法	评定分加分 （＋）扣分（－）
企业文化 （10）	4	20. 加强企业文化建设，树立正确的企业价值观，注重企业外在形象塑造（4分）	
	4	21. 传承"创业、创新、节俭、奉献"的行业优秀文化，弘扬"用心保粮每一粒，创新发展每一天"企业精神（4分）	
	2	22. 注重人文关怀，积极开展"和谐五家园"建设活动，关心职工、尊重职工、体贴职工，使粮库成为职工快乐工作的美好家园、健康生活的精神家园、个人发展的创业家园、友爱互助的和睦家园、时刻牵挂的难忘家园，营造以人为本、爱库如家的文化氛围（2分）	
考核体系（15）	4	23. 贯彻落实公司业绩考核暂行办法，考核优秀（2分）；仓储管理考核办法，考核优秀（2分）	
	6	24. 贯彻落实公司安全生产（安全储粮）目标管理责任书、党风廉政建设责任书、意识形态管理责任书（6分），每项考核未达到优秀扣2分，扣完为止	
	3	25. 建立健全员工岗位责任制考核办法（1.5分）、创新激励机制（1.5分）	
	2	26. 通过安全生产标准化二级企业达标或复核（2分）	
创新突破（5）	1	27. 开展ISO质量体系认证并通过（1分）	
	1	28. 开展省级及以上课题研究（1分）	
	1	29. 每年全国核心期刊发表论文1篇（0.5分）；获国家实用、新型专利（0.5分）；获国家发明专利1项（1分），最高得1分	
	2	30. 在省级（含）以上职业技能竞赛中获奖或获省级（含）以上先进集体、先进个人（劳动模范）荣誉（2分）；在公司各类比赛、竞赛、比武中获一等奖以上的（1分）；员工队伍中当年有晋升高级职称（含高级技师）的（1分）；最高得2分	
综合得分	100		

评定负责人：　　　　　　评定人员：

参考文献

[1]国家粮食局.《粮油仓储管理办法》解读[M].北京:中国物资出版社,2010.

[2]罗金荣、左进良.粮食仓储管理与储粮实用技术[M].南昌:江西高校出版社,2005.

[3]熊鹤鸣.粮食出入库技术实用操作手册[M].成都:四川科学技术出版社,2014.

[4]王若兰.粮油储藏学:第二版[M].北京:中国轻工业出版社,2016.

[5]程传秀.储粮新技术教程[M].北京:中国商业出版社,2001.

[6]刘维春、吴永圣.粮食储藏[M].南昌:江西科学技术出版社,1988.

[7]熊鹤鸣.膜下环流通风技术实用操作手册[M].成都:四川科学技术出版社,2015.

[8]张来林.储粮机械通风技术[M].郑州:郑州大学出版社,2014.

[9]罗金荣,吴峡,左进良.高水分粮就仓干燥技术[M].南昌:江西高校出版社,2004.

[10]熊鹤鸣.氮气气调储粮技术实用操作手册[M].成都:四川科学技术出版社,2015.

[11]吴子丹.绿色生态低氮储粮新技术[M].北京:中国科学技术出版社,2011.

[12]刘福元,戴杭生,左进良.绿色生态储粮[M].南昌:江西人民出版社,2011.